수학 상위권 향상을 위한 문장제 해결력 완성

문제 해결의 길잡이

 심화

문제 해결의 길잡이 심화

수학 **2**학년

WRITERS

이재효
서울교육대학교 수학교육과, 한국교원대학교 대학원
수학 교과서, 수학 익힘책, 교사용 지도서 저자
교육과정 심의위원 역임
전 서울 문현초등학교 교장

김영기
서울교육대학교 수학교육과, 국민대학교 교육대학원
수학 교과서, 수학 익힘책, 교사용 지도서 저자
교육과정 심의위원 역임
전 서울 창동초등학교 교장

이용재
서울교육대학교 수학교육과, 한국교원대학교 대학원
수학 교과서, 수학 익힘책, 교사용 지도서 저자
교육과정 심의위원 역임
전 서울 영서초등학교 교감

COPYRIGHT

인쇄일 2024년 11월 25일(6판6쇄)
발행일 2022년 1월 3일

펴낸이 신광수
펴낸곳 (주)미래엔
등록번호 제16–67호

융합콘텐츠개발실장 황은주
개발책임 정은주 **개발** 나현미, 장혜승, 박새연, 박지민

디자인실장 손현지
디자인책임 김병석 **디자인** 디자인뷰

CS본부장 강윤구
제작책임 강승훈

ISBN 979-11-6841-042-8

이 책의 **머리말**

이솝 우화에 나오는 '여우와 신포도' 이야기를 떠올려 볼까요?
배가 고픈 여우가 포도를 따 먹으려고 하지만 손이 닿지 않았어요.
그러자 여우는 포도가 시고 맛없을 것이라고 말하며 포기하고 말았죠.

만약 여러분이라면 어떻게 했을까요?
여우처럼 그럴듯한 핑계를 대며 포기했을 수도 있고,
의자나 막대기를 이용해서 마침내 포도를 따서 먹었을 수도 있어요.

어려움 앞에서 포기하지 않고
어떻게든 이루어 보려는 마음, 그 마음이 바로 '도전'입니다.
수학 앞에서 머뭇거리지 말고 뛰어넘으려는 마음을 가져 보세요.

"문제 해결의 길잡이 심화"는
여러분의 도전이 빛날 수 있도록 길을 밝혀 줄 거예요.
도전하려는 마음이 생겼다면, 이제 출발해 볼까요?

이 책의 구성

전략 세움
해결 전략 수립으로 상위권 실력에 도전하기

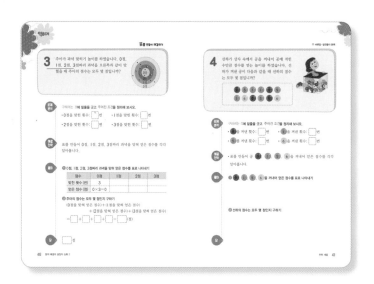

익히기
문제를 분석하고 해결 전략을 세운 후에 단계적으로 풀이합니다. 이 과정을 반복하여 집중 연습하면 스스로 해결하는 힘이 길러집니다.

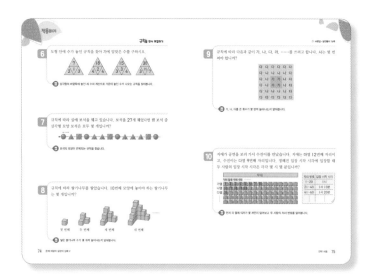

적용하기
스스로 문제를 분석한 후에 주어진 해결 전략을 참고하여 문제를 풀이합니다. 혼자서 해결 전략을 세울 수 있다면 바로 풀이해도 됩니다.

최고의 실력으로 이끌어 주는 문제 풀이 동영상

해결 전략을 세우는 데 어려움이 있다면? 풀이 과정에 궁금증이 생겼다면?

문제 풀이 동영상을 보면서 해결 전략 수립과 풀이 과정을 확인합니다!

도전2 전략 이룸

해결 전략 완성으로 문장제·서술형 고난도 유형 도전하기

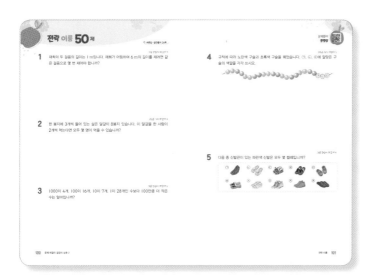

문제를 분석하여 스스로 해결 전략을 세우고 풀이하는 단계입니다. 이를 통해 고난도 유형을 풀어내는 향상된 실력을 확인합니다.

도전3 경시 대비 평가 [별책]

최고 수준 문제로 교내외 경시 대회 도전하기

문해길 학습의 최종 단계입니다. 최고 수준 문제로 각종 경시 대회를 준비합니다.

이 책의 차례

도전 1 전략 세움

도전2 전략 이룸 50제

도전3 경시 대비 평가 [별책]

[바른답 · 알찬풀이]

도전 1 전략 세움

해결 전략 수립으로 상위권 실력에 도전하기

		쪽수	공부한 날		확인
식을 만들어 해결하기	익히기	10 ~ 11쪽	월	일	
		12 ~ 13쪽	월	일	
		14 ~ 15쪽	월	일	
		16 ~ 17쪽	월	일	
	적용하기	18 ~ 19쪽	월	일	
		20 ~ 21쪽	월	일	
그림을 그려 해결하기	익히기	24 ~ 25쪽	월	일	
		26 ~ 27쪽	월	일	
		28 ~ 29쪽	월	일	
		30 ~ 31쪽	월	일	
	적용하기	32 ~ 33쪽	월	일	
		34 ~ 35쪽	월	일	
표를 만들어 해결하기	익히기	38 ~ 39쪽	월	일	
		40 ~ 41쪽	월	일	
		42 ~ 43쪽	월	일	
	적용하기	44 ~ 45쪽	월	일	
		46 ~ 47쪽	월	일	
거꾸로 풀어 해결하기	익히기	50 ~ 51쪽	월	일	
		52 ~ 53쪽	월	일	
		54 ~ 55쪽	월	일	
		56 ~ 57쪽	월	일	
	적용하기	58 ~ 59쪽	월	일	
		60 ~ 61쪽	월	일	
규칙을 찾아 해결하기	익히기	64 ~ 65쪽	월	일	
		66 ~ 67쪽	월	일	
		68 ~ 69쪽	월	일	
		70 ~ 71쪽	월	일	
	적용하기	72 ~ 73쪽	월	일	
		74 ~ 75쪽	월	일	
예상과 확인으로 해결하기	익히기	78 ~ 79쪽	월	일	
		80 ~ 81쪽	월	일	
	적용하기	82 ~ 83쪽	월	일	
		84 ~ 85쪽	월	일	
조건을 따져 해결하기	익히기	88 ~ 89쪽	월	일	
		90 ~ 91쪽	월	일	
		92 ~ 93쪽	월	일	
	적용하기	94 ~ 95쪽	월	일	
		96 ~ 97쪽	월	일	

수학의 모든 문제는 8가지 해결 전략으로 통한다!
문·해·길 전략 세움으로 문제 해결력 상승!

1 식을 만들어 해결하기
문제에 주어진 상황과 조건을 수와 계산 기호로 나타내어 해결하는 전략

2 그림을 그려 해결하기
문제에 주어진 조건과 관계를 간단한 도형, 수직선 등으로 나타내어 해결하는 전략

3 표를 만들어 해결하기
문제에 제시된 수 사이의 대응 관계를 표로 나타내어 해결하는 전략

4 거꾸로 풀어 해결하기
문제 안에 조건에 대한 결과가 주어졌을 때 결과에서부터 거꾸로 생각하여 해결하는 전략

5 규칙을 찾아 해결하기
문제에 주어진 정보를 분석하여 그 안에 숨어 있는 규칙을 찾아 해결하는 전략

6 예상과 확인으로 해결하기
문제의 답을 미리 예상해 보고 그 답이 문제의 조건에 맞는지 확인하는 과정을 반복하여
해결하는 전략

7 조건을 따져 해결하기
문제에 주어진 조건을 따져가며 차례대로 실마리를 찾아 해결하는 전략

8 단순화하여 해결하기
문제에 제시된 상황이 복잡한 경우 이것을 간단한 상황으로 단순하게 나타내어 해결하는 전략

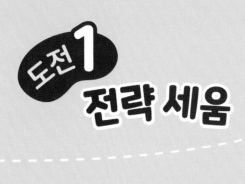

식을 만들어 해결하기

식을 만들어 해결하기

1 연수네 학교 2학년 학생 중에서 형제가 있는 학생은 62명이고, 형제가 없는 학생은 형제가 있는 학생보다 14명 더 적습니다. 연수네 학교 2학년 학생은 모두 몇 명입니까?

문제 분석

구하려는 것에 밑줄을 긋고 주어진 조건을 정리해 보시오.

• 형제가 있는 학생 수: ☐ 명

• 형제가 없는 학생은 형제가 있는 학생보다 ☐ 명 더 적습니다.

해결 전략

• 형제가 없는 학생 수는 (덧셈식 , 뺄셈식)을 만들어 구합니다.

• 연수네 학교 2학년 전체 학생 수는 (덧셈식 , 뺄셈식)을 만들어 구합니다.

풀이

❶ 형제가 없는 학생은 몇 명인지 구하기

(형제가 있는 학생 수) − ☐ = 62 − ☐ = ☐ (명)

❷ 연수네 학교 2학년 학생은 모두 몇 명인지 구하기

(형제가 있는 학생 수) + (형제가 없는 학생 수)

= 62 + ☐ = ☐ (명)

답 ☐ 명

2

지호네 가족은 주말에 딸기 따기 체험을 하였습니다. 딸기를 지호는 45개 따고, 어머니는 지호보다 28개 더 많이 땄습니다. 아버지가 딴 딸기 수는 지호와 어머니가 딴 딸기 수의 합과 같다면 아버지가 딴 딸기는 몇 개입니까?

문제 분석

구하려는 것에 밑줄을 긋고 주어진 조건을 정리해 보시오.

• 지호가 딴 딸기 수: ☐ 개

• 어머니가 딴 딸기는 지호가 딴 딸기보다 ☐ 개 더 많습니다.

• 아버지가 딴 딸기 수는 지호와 어머니가 딴 딸기 수의 합과 같습니다.

해결 전략

• 어머니가 딴 딸기 수는 (덧셈식 , 뺄셈식)을 만들어 구합니다.

• 아버지가 딴 딸기 수는 (덧셈식 , 뺄셈식)을 만들어 구합니다.

풀이

❶ 어머니가 딴 딸기는 몇 개인지 구하기

❷ 아버지가 딴 딸기는 몇 개인지 구하기

답

3 미술실에 색연필이 4자루씩 7묶음, 볼펜이 9자루씩 3상자 있습니다. 미술실에 있는 색연필과 볼펜은 모두 몇 자루입니까?

문제 분석

구하려는 것에 밑줄을 긋고 주어진 조건을 정리해 보시오.

- 색연필 수: 4자루씩 $\boxed{}$ 묶음

- 볼펜 수: 9자루씩 $\boxed{}$ 상자

해결 전략

- 색연필 수와 볼펜 수는 각각 (곱셈식 , 나눗셈식)을 만들어 구합니다.
- 전체 색연필과 볼펜 수는 (덧셈식 , 뺄셈식)을 만들어 구합니다.

풀이

① 색연필은 몇 자루인지 구하기

색연필은 4자루씩 7묶음이므로 $\boxed{} \times \boxed{} = \boxed{}$ (자루)입니다.

② 볼펜은 몇 자루인지 구하기

볼펜은 9자루씩 3상자이므로 $\boxed{} \times \boxed{} = \boxed{}$ (자루)입니다.

③ 색연필과 볼펜은 모두 몇 자루인지 구하기

(색연필 수)＋(볼펜 수)＝$\boxed{}$＋$\boxed{}$＝$\boxed{}$ (자루)

답 $\boxed{}$ 자루

4 재영이 어머니가 한 봉지에 8개씩 들어 있는 귤을 4봉지 사 오셨습니다. 재영이가 친구 4명과 함께 귤을 3개씩 먹었습니다. 재영이와 친구들이 먹고 남은 귤은 몇 개입니까?

문제 분석

구하려는 것에 **밑줄을 긋고** 주어진 조건을 정리해 보시오.

• 어머니가 사 오신 귤 수: 8개씩 ☐봉지

• 귤을 먹은 사람 수: 5명

• 한 사람이 먹은 귤 수: ☐개

해결 전략

• 어머니가 사 오신 귤과 먹은 귤 수는 각각 (곱셈식 , 나눗셈식)을 만들어 구합니다.

• 먹고 남은 귤 수는 (덧셈식 , 뺄셈식)을 만들어 구합니다.

풀이

❶ 어머니가 사 오신 귤은 몇 개인지 구하기

❷ 재영이와 친구들이 먹은 귤은 몇 개인지 구하기

❸ 재영이와 친구들이 먹고 남은 귤은 몇 개인지 구하기

답

5 진서가 삼각형과 사각형 여러 개를 이용하여 그린 그림입니다. 그린 그림의 변의 수는 모두 몇 개입니까?

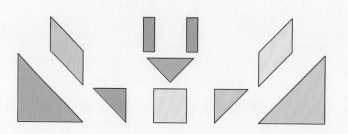

문제 분석 구하려는 것에 밑줄을 긋고 주어진 조건을 정리해 보시오.

• 삼각형의 수: ☐ 개, 사각형의 수: ☐ 개

해결 전략

• ■각형의 변의 수는 ■개입니다.

• 삼각형 ☐ 개와 사각형 ☐ 개의 변의 수를 (곱셈식 , 나눗셈식)

을 만들어 각각 구합니다.

풀이

❶ 삼각형 한 개와 사각형 한 개의 변은 각각 몇 개인지 구하기

삼각형의 변의 수는 ☐ 개, 사각형의 변의 수는 ☐ 개입니다.

❷ 그린 그림의 변의 수는 모두 몇 개인지 구하기

(삼각형 5개의 변의 수)= ☐ ×5= ☐ (개)

(사각형 5개의 변의 수)= ☐ ×5= ☐ (개)

➡ (그린 그림의 변의 수)= ☐ + ☐ = ☐ (개)

답 ☐ 개

6

세윤이가 원, 오각형, 육각형 여러 개를 이용하여 그린 그림입니다.
그린 그림의 꼭짓점의 수는 모두 몇 개입니까?

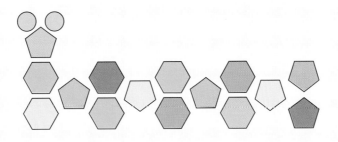

**문제
분석**

구하려는 것에 밑줄을 긋고 주어진 조건을 정리해 보시오.

• 원의 수: ☐ 개, 오각형의 수: ☐ 개, 육각형의 수: ☐ 개

**해결
전략**

• ■각형의 꼭짓점의 수는 ■개입니다.

• 원 ☐ 개, 오각형 ☐ 개, 육각형 ☐ 개의 꼭짓점의 수를
(뺄셈식 , 곱셈식)을 만들어 각각 구합니다.

풀이

❶ 원, 오각형, 육각형의 꼭짓점은 각각 몇 개인지 구하기

❷ 그린 그림의 꼭짓점의 수는 모두 몇 개인지 구하기

답

7 다음과 같이 초록색 테이프와 보라색 테이프를 겹치게 이어 붙였습니다. 겹치는 부분의 길이가 I m 30 cm라면 이어 붙여 만든 색 테이프의 전체 길이는 몇 m 몇 cm입니까?

3 m I5 cm   5 m 60 cm

문제 분석   구하려는 것에 밑줄을 긋고 주어진 조건을 정리해 보시오.

- 두 색 테이프의 길이: 3 m I5 cm, ☐ m ☐ cm
- 겹치는 부분의 길이: ☐ m ☐ cm

해결 전략   이어 붙여 만든 색 테이프의 전체 길이는 색 테이프 두 장의 길이의 합보다 겹치는 부분의 길이만큼 더 (깁니다, 짧습니다).

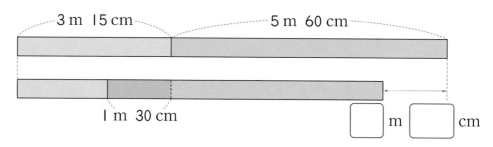

3 m I5 cm   5 m 60 cm

I m 30 cm   ☐ m ☐ cm

풀이   ❶ 색 테이프 두 장의 길이의 합은 몇 m 몇 cm인지 구하기

(초록색 테이프의 길이)＋(보라색 테이프의 길이)

= ☐ m ☐ cm＋☐ m ☐ cm＝☐ m ☐ cm

❷ 이어 붙여 만든 색 테이프의 전체 길이는 몇 m 몇 cm인지 구하기

(색 테이프 두 장의 길이의 합)－(겹치는 부분의 길이)

= ☐ m ☐ cm－☐ m ☐ cm＝☐ m ☐ cm

답   ☐ m ☐ cm

8 공원에서 놀이터까지의 거리는 11 m 55 cm입니다. 주환이가 집에서 공원과 놀이터를 차례로 지나서 박물관까지 가는 거리는 모두 몇 m 몇 cm입니까?

집　　　　공원　　　　놀이터　　　　　　　박물관

38 m 30 cm　　　　54 m 75 cm

문제 분석

구하려는 것에 밑줄을 긋고 주어진 조건을 정리해 보시오.

• 집에서 놀이터까지의 거리: ☐ m ☐ cm

• 공원에서 박물관까지의 거리: ☐ m ☐ cm

• 공원에서 놀이터까지의 거리: 11 m 55 cm

해결 전략

집에서 박물관까지의 거리는 집에서 놀이터까지의 거리와 공원에서 박물관까지의 거리의 합보다 공원에서 ☐까지의 거리만큼 더 짧습니다.

풀이

❶ 집에서 놀이터까지 거리와 공원에서 박물관까지 거리의 합은 몇 m 몇 cm인지 구하기

❷ 집에서 박물관까지의 거리는 몇 m 몇 cm인지 구하기

답

1 민재와 지호가 가지고 있는 금액의 차는 얼마입니까?

난 100원짜리 동전을 27개 가지고 있어. 민재

난 100원짜리 동전을 19개 가지고 있어. 지호

해결
전략 두 사람이 가지고 있는 동전 수의 차를 이용하여 금액의 차를 구합니다.

2 하윤이가 오른쪽과 같이 빨간색 색종이 5장과 파란색 색종이 3장을 겹쳤습니다. 그 위에 원 모양 5개를 그려서 겹친 색종이를 한꺼번에 오린다면 만들 수 있는 원 모양은 모두 몇 개입니까?

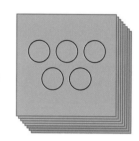

해결
전략 ■개씩 ▲장 ➡ ■ × ▲

3 송주가 가지고 있는 끈의 길이는 120 cm입니다. 다은이가 가지고 있는 끈의 길이는 송주의 끈보다 2 m 45 cm 더 길다면 두 사람이 가지고 있는 끈의 길이의 합은 몇 m 몇 cm입니까?

해결
전략 송주가 가지고 있는 끈의 길이를 몇 m 몇 cm로 나타내어 덧셈식을 만듭니다.

4 병에 들어 있는 사탕 수를 조사하여 표로 나타낸 것입니다. 딸기맛 사탕은 포도맛 사탕보다 25개 더 많고, 자두맛 사탕은 멜론맛 사탕보다 9개 적습니다. 병에 들어 있는 사탕은 모두 몇 개입니까?

종류별 사탕 수

사탕 종류	딸기맛	자두맛	멜론맛	포도맛	합계
수(개)			18	6	

> **해결 전략** 종류별 사탕 수를 구한 후 모두 더해 전체 사탕 수를 구합니다.

5 과일 가게에 사과가 50개 있었습니다. 사과를 한 상자에 3개씩 2줄로 담아 포장하여 4상자를 팔았다면 과일 가게에 남은 사과는 몇 개입니까?

> **해결 전략** 사과가 4상자에 모두 몇 개 들어 있는지 구하여 팔고 남은 사과의 수를 구합니다.

6 수지는 길이가 50 cm, 정민이는 길이가 55 cm인 철사를 가지고 있었습니다. 각자 미술 작품을 만들고 남은 철사의 길이가 수지는 12 cm, 정민이는 9 cm라면 누가 철사를 몇 cm 더 많이 사용하였습니까?

> **해결 전략** 두 사람이 각각 사용한 철사의 길이를 구한 후 길이를 비교합니다.

7 길이가 2 m 83 cm인 리본 세 도막을 같은 길이만큼 겹치게 이어 붙였습니다. 이어 붙여 만든 리본의 전체 길이가 7 m 89 cm일 때 겹치는 부분 한 군데의 길이는 몇 cm입니까?

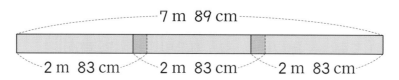

해결전략 ▶ 리본 세 도막을 겹치게 이어 붙이면 겹치는 부분은 두 군데 생깁니다.

8 어느 캠핑장에 한 대에 6명씩 잘 수 있는 캠핑카가 7대, 9명씩 잘 수 있는 대형 텐트가 5개, 4명씩 잘 수 있는 소형 텐트가 4개 설치되어 있습니다. 이 캠핑장의 캠핑카와 텐트에서 잘 수 있는 사람은 모두 몇 명입니까?

해결전략 ▶ 캠핑카, 대형 텐트, 소형 텐트에서 잘 수 있는 사람 수를 각각 구합니다.

9 원 안에 있는 수를 ㉠, 사각형 안에 있는 수의 합을 ㉡, 오각형 안에 있는 수의 합을 ㉢이라고 할 때 ㉠+㉡-㉢의 값을 구하시오.

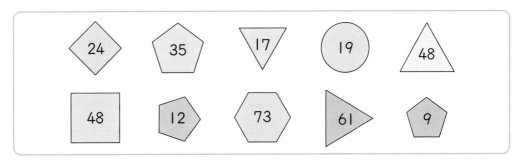

해결
전략 원, 사각형, 오각형을 각각 찾아 그 안에 있는 수를 이용하여 식을 만듭니다.

10 길이가 2 m 10 cm인 밧줄 4개를 다음과 같이 이어 묶었습니다. 두 밧줄로 하나의 매듭을 묶는 데 사용한 길이는 밧줄 한 개당 17 cm씩입니다. 이어 묶어 만든 밧줄의 전체 길이는 몇 m 몇 cm입니까?

해결
전략 먼저 밧줄 4개의 길이의 합과 매듭 부분의 길이의 합을 각각 구합니다.

도전, 창의사고력

바른답·알찬풀이 04쪽

설아가 코끼리, 악어, 사자, 기린을 보러 동물원에 왔습니다. 그림에서 길에 적힌 시간은 각 동물 우리로 이동하는 데 걸리는 시간입니다. 설아가 악어부터 보기 시작하여 네 가지 동물을 가장 짧은 시간 안에 보려면 어떤 순서로 보아야 합니까?

악어 ⇒ ☐ ⇒ ☐ ⇒ ☐

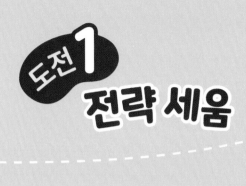

도전 1
전략 세움

그림을 그려 해결하기

1 마카롱을 민수는 **25**개, 유정이는 **19**개 가지고 있습니다. 두 사람이 가진 마카롱의 수가 같아지려면 민수가 유정이에게 마카롱을 몇 개 주어야 합니까?

문제 분석

구하려는 것에 밑줄을 긋고 주어진 조건을 정리해 보시오.

• 민수가 가진 마카롱 수: [   ]개

• 유정이가 가진 마카롱 수: [   ]개

해결 전략

두 사람이 가진 마카롱의 수를 그림으로 나타내어 수의 크기를 비교해 봅니다.

풀이

❶ 두 사람이 가진 마카롱 수를 그림으로 나타내기

민수 [   ]개 [   ]개

유정 |— 19개 —|

❷ 민수가 유정이에게 마카롱을 몇 개 주어야 하는지 구하기

민수는 유정이보다 마카롱을 [   ]－19＝[   ](개) 더 많이 가지고 있습니다.

두 사람이 가진 마카롱의 수가 같아지려면 민수가 [   ]개의 절반인 [   ]개를 유정이에게 주어야 합니다.

답 [   ]개

◎ 바른답 • 알찬풀이 04쪽

2 하윤이와 승호가 각자 실에 구슬을 꿰었습니다. 하윤이는 구슬을 14개 사용하고, 승호는 24개 사용했을 때 두 사람이 사용한 구슬 수가 같아지려면 승호가 하윤이에게 구슬을 몇 개 주어야 합니까?

문제 분석

구하려는 것에 밑줄을 긋고 주어진 조건을 정리해 보시오.

• 하윤이가 사용한 구슬 수: ☐ 개

• 승호가 사용한 구슬 수: ☐ 개

해결 전략

두 사람이 사용한 구슬의 수를 그림으로 나타내어 수의 크기를 비교해 봅니다.

풀이

❶ 두 사람이 사용한 구슬 수를 그림으로 나타내기

❷ 승호가 하윤이에게 구슬을 몇 개 주어야 하는지 구하기

답

3 우진이네 학교는 9시에 1교시 수업을 시작하여 40분 동안 수업을 하고 10분 동안 쉽니다. 3교시 수업을 시작하는 시각은 몇 시 몇 분입니까?

문제 분석

구하려는 것에 **밑줄을 긋고** 주어진 조건을 정리해 보시오.

• 1교시 수업 시작 시각: ☐ 시

• 수업 시간: ☐ 분

• 쉬는 시간: ☐ 분

해결 전략

한 시간을 6칸으로 나누어 한 칸이 ☐ 분을 나타내는 시간 띠를 그리고, 1교시 수업 시간과 쉬는 시간, 2교시 수업 시간과 쉬는 시간을 나타내 봅니다.

풀이

❶ 시간 띠에 2교시 수업 시간과 쉬는 시간을 나타내기

| 9 | | | | | 10 | | | | | 11 (시) |

1교시 수업 시간 | 쉬는 시간 |

10 20 30 40 50   10 20 30 40 50 (분)

시간 띠 한 칸이 ☐ 분을 나타내므로

수업 시간 40분은 ☐ 칸, 쉬는 시간 10분은 ☐ 칸 색칠합니다.

❷ 3교시 수업 시작 시각은 몇 시 몇 분인지 구하기

시간 띠에서 3교시 수업 시작 시각을 읽으면 ☐ 시 ☐ 분입니다.

답 ☐ 시 ☐ 분

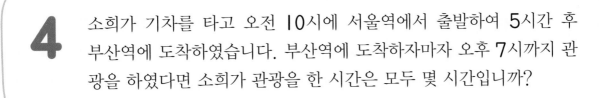

4 소희가 기차를 타고 오전 10시에 서울역에서 출발하여 5시간 후 부산역에 도착하였습니다. 부산역에 도착하자마자 오후 7시까지 관광을 하였다면 소희가 관광을 한 시간은 모두 몇 시간입니까?

문제 분석

구하려는 것에 밑줄을 긋고 주어진 조건을 정리해 보시오.

• 소희가 서울역에서 출발한 시각: 오전 ☐ 시

• 서울역에서 부산역까지 가는 데 걸린 시간: ☐ 시간

• 소희가 관광을 마친 시각: 오후 ☐ 시

해결 전략

한 칸이 1시간을 나타내는 시간 띠를 그리고, 부산역까지 가는 데 걸린 시간과 관광을 마친 시각을 나타내 봅니다.

풀이

❶ 시간 띠에 부산역까지 가는 데 걸린 시간과 관광을 마친 시각을 나타내기

❷ 관광을 한 시간은 몇 시간인지 구하기

답

5 민재네 반 학생들이 좋아하는 계절을 조사하였습니다. 가장 많은 학생이 좋아하는 계절과 가장 적은 학생이 좋아하는 계절의 학생 수의 차는 몇 명입니까?

민재네 반 학생들이 좋아하는 계절

민재	봄	은희	가을	미정	겨울	주혁	가을
승우	여름	하영	봄	기용	여름	희정	봄
원일	여름	유선	여름	한수	가을	아린	여름

문제 분석 구하려는 것에 **밑줄을 긋고** 주어진 조건을 정리해 보시오.

민재네 반 학생들이 좋아하는 ☐ 을 조사하였습니다.

해결 전략 가로에 계절, 세로에 학생 수를 넣어 자료를 그래프로 나타냅니다.

풀이 ❶ 자료를 보고 ○를 이용하여 그래프로 나타내기

좋아하는 계절별 학생 수

학생 수(명) \ 계절	봄	여름	가을	겨울
5				
4				
3				
2				
1				

❷ 학생 수의 차는 몇 명인지 구하기

○가 가장 많은 계절은 ○가 ☐개인 ☐이고,

○가 가장 적은 계절은 ○가 ☐개인 ☐입니다.

➡ 두 계절의 학생 수의 차는 ☐－☐＝☐(명)입니다.

답 ☐명

6 경호가 가지고 있는 구슬의 색깔을 조사하였습니다. 가장 많은 색깔의 구슬과 가장 적은 색깔의 구슬 수의 합은 몇 개입니까?

경호가 가지고 있는 구슬의 색깔

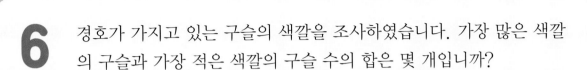

문제 분석 구하려는 것에 밑줄을 긋고 주어진 조건을 정리해 보시오.

경호가 가지고 있는 구슬의 [ ]을 조사하였습니다.

해결 전략 가로에 [ ], 세로에 구슬 수를 넣어 자료를 그래프로 나타냅니다.

풀이 ❶ 자료를 보고 ×를 이용하여 그래프로 나타내기

❷ 가장 많은 색깔의 구슬과 가장 적은 색깔의 구슬 수의 합은 몇 개인지 구하기

답

7 다음 도형에서 찾을 수 있는 크고 작은 삼각형은 모두 몇 개입니까?

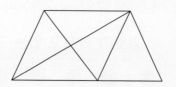

**문제
분석**

구하려는 것에 밑줄을 긋고 주어진 조건을 정리해 보시오.

주어진 도형은 작은 삼각형 ☐ 개를 붙여 만든 것과 같습니다.

**해결
전략**

• 이웃하는 삼각형을 묶어 하나의 삼각형으로 볼 수 있습니다.
• 작은 삼각형 1개, 2개, 3개로 이루어진 삼각형을 각각 찾아 세어 봅니다.

풀이

❶ 작은 삼각형 1개, 2개, 3개로 이루어진 삼각형은 각각 몇 개인지 세기

작은 삼각형에 번호를 정해 크고 작은 삼각형을 모두 찾아봅니다.

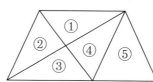

작은 삼각형 1개짜리: ①, ②, ③, ④, ⑤ ➡ ☐ 개

작은 삼각형 2개짜리: ①＋②, ②＋☐, ③＋☐, ①＋④

➡ ☐ 개

작은 삼각형 3개짜리: ③＋☐＋☐ ➡ ☐ 개

❷ 찾을 수 있는 크고 작은 삼각형은 모두 몇 개인지 구하기

모두 5＋☐＋☐＝☐ (개)를 찾을 수 있습니다.

답

☐ 개

8 다음 도형에서 찾을 수 있는 크고 작은 사각형은 모두 몇 개입니까?

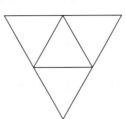

문제 분석

구하려는 것에 밑줄을 긋고 주어진 조건을 정리해 보시오.

주어진 도형은 작은 삼각형 ☐ 개를 붙여 만든 것과 같습니다.

해결 전략

• 사각형은 변의 수가 ☐ 개인 도형입니다.

• 이웃하는 삼각형을 묶어 하나의 사각형으로 볼 수 있습니다.

• 작은 삼각형 ☐ 개, ☐ 개로 이루어진 사각형을 각각 찾아 세어 봅니다.

풀이

❶ 작은 삼각형 2개, 3개로 이루어진 사각형은 각각 몇 개인지 세기

❷ 찾을 수 있는 크고 작은 사각형은 모두 몇 개인지 구하기

답

그림을 그려 해결하기

1 오른쪽 색종이에 찍은 **4**개의 점 중 **2**개의 점을 이어 그을 수 있는 곧은 선을 모두 그으려고 합니다. 그은 선을 따라 자르면 삼각형이 모두 몇 개 만들어집니까?

해결
전략
4개의 점 중 2개의 점을 이어 곧은 선을 모두 그어 봅니다.

2 생선 가게에 고등어가 2l마리, 꽁치가 l8마리 있었습니다. 그중에서 고등어가 5마리, 꽁치가 9마리 팔렸습니다. 남은 고등어와 꽁치의 수가 같아지려면 고등어를 몇 마리 더 팔아야 합니까?

해결
전략
남은 고등어와 꽁치의 수를 그림으로 나타낸 후 수의 크기를 비교해 봅니다.

3 민지, 재규, 석훈이가 책상의 긴 쪽의 길이를 각자 뼘으로 재어 나타내었습니다. 한 뼘의 길이가 가장 긴 사람은 누구입니까?

민지	재규	석훈
6뼘	4뼘	5뼘

해결
전략
책상의 긴 쪽의 길이를 기준으로 세 사람의 한 뼘의 길이를 그림으로 나타내 봅니다.

4 다음과 같이 선이 만나는 곳에 모두 점을 찍었습니다. 얼룩으로 가려진 부분에 찍은 점은 모두 몇 개입니까?

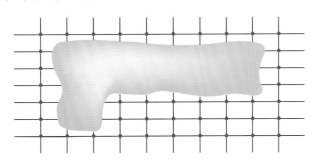

해결 전략 얼룩으로 가려진 부분에 선을 그리면 점을 찾을 수 있습니다.

5 수호네 모둠 학생들이 각각 4번씩 고리를 던져서 고리를 걸면 ○, 고리를 걸지 못하면 × 로 나타낸 표입니다. 표를 보고 사람별 고리를 건 횟수를 /를 사용하여 그래프로 나타내시오.

고리 던지기 결과

순서 (번째)	1	2	3	4
수호	○	○	×	○
설아	×	×	○	×
다연	×	○	○	○
하성	○	×	×	○

사람별 고리를 건 횟수

3				
2				
1				
횟수 (번) / 사람	수호	설아	다연	하성

해결 전략 사람별 고리를 건 횟수를 세어 그래프로 나타내 봅니다.

6 희나가 미술관에 들어간 시각과 나온 시각을 나타낸 것입니다. 희나는 미술관에 몇 시간 몇 분 동안 있었습니까?

들어간 시각 / 나온 시각

> **해결전략** 시간 띠를 그려 들어간 시각과 나온 시각을 나타내 봅니다.

7 다음 칠교판의 조각 중 **5**조각을 이용하여 주어진 사각형과 육각형을 각각 만들어 보시오.

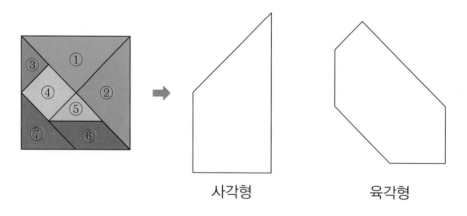

사각형 / 육각형

> **해결전략** 길이가 같은 변끼리 맞닿도록 칠교판 조각을 놓아 봅니다.

바른답·알찬풀이 06쪽

8 오른쪽 5개의 점 중에서 3개의 점을 곧은 선으로 이어 만들 수 있는 삼각형은 모두 몇 개입니까?

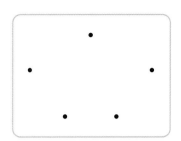

해결 전략 3개의 점을 이어 그릴 수 있는 삼각형을 모두 그려 봅니다.

9 도형에서 찾을 수 있는 크고 작은 사각형은 모두 몇 개입니까?

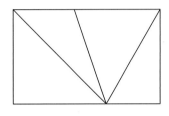

해결 전략 작은 삼각형 2개, 3개, 4개로 이루어진 사각형을 각각 찾아 세어 봅니다.

10 재영이네 반 학생은 모두 32명이고, 남학생이 여학생보다 6명 더 많다고 합니다. 재영이네 반 남학생은 몇 명입니까?

해결 전략 전체 학생 중 6명을 빼고 남은 학생 수의 절반이 여학생 수와 같습니다.

도전, 창의사고력

앨리스와 토끼가 시계 나라의 거울 방과 거꾸로 방에 들어왔습니다. 앨리스가 토끼와 차를 마신 시각과 집으로 돌아가야 할 시각을 나타내는 시계를 찾아 각각 기호를 쓰시오.

거울 방   거꾸로 방

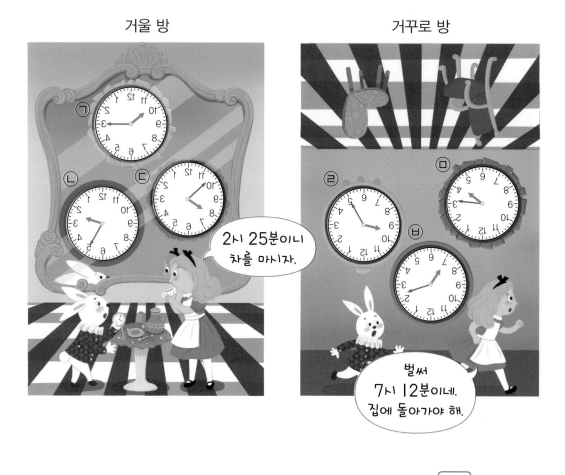

차를 마신 시각: ☐

집으로 돌아가야 할 시각: ☐

표를 만들어 해결하기

익히기

1 해솔이가 받은 용돈입니다. 용돈을 모두 10원짜리 동전으로 바꾸면 몇 개가 됩니까?

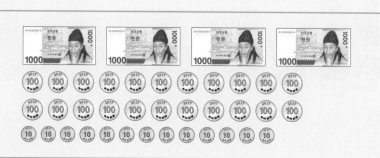

문제 분석

구하려는 것에 밑줄을 긋고 주어진 조건을 정리해 보시오.

해솔이가 받은 용돈은 1000원짜리 ☐장, 100원짜리 ☐개, 10원짜리 ☐개입니다.

해결 전략

· (10원짜리 동전 ☐개)＝(100원짜리 동전 1개)

· (100원짜리 동전 ☐개)＝(1000원짜리 지폐 1장)

풀이

❶ 용돈은 모두 얼마인지 구하기

1000원짜리	☐장			원
100원짜리	☐개			원
10원짜리	☐개			원
용돈				원

❷ 용돈을 모두 10원짜리 동전으로 바꾸면 몇 개가 되는지 구하기

용돈 ☐원은 10원짜리 동전 ☐개의 값과 같습니다.

답

☐개

2 민준이가 이번 달에 모은 돈입니다. 모은 돈을 모두 100원짜리 동전으로 바꾸면 몇 개가 됩니까?

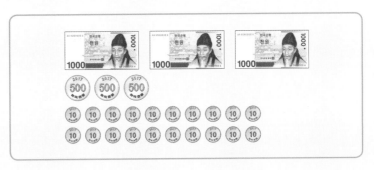

문제분석

구하려는 것에 밑줄을 긋고 주어진 조건을 정리해 보시오.

민준이가 모은 돈은 1000원짜리 ☐ 장, 500원짜리 ☐ 개, 10원짜리 ☐ 개입니다.

해결전략

• (500원짜리 동전 2개)＝(1000원짜리 지폐 ☐ 장)

• (10원짜리 동전 20개)＝(100원짜리 동전 ☐ 개)

풀이

❶ 모은 돈은 모두 얼마인지 구하기

❷ 모은 돈을 모두 100원짜리 동전으로 바꾸면 몇 개가 되는지 구하기

답

3 주아가 과녁 맞히기 놀이를 하였습니다. 0점, 1점, 2점, 3점짜리 과녁을 오른쪽과 같이 맞혔을 때 주아의 점수는 모두 몇 점입니까?

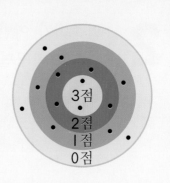

문제 분석

구하려는 것에 밑줄을 긋고 주어진 조건을 정리해 보시오.

- 0점을 맞힌 횟수: ☐ 번
- 1점을 맞힌 횟수: ☐ 번
- 2점을 맞힌 횟수: ☐ 번
- 3점을 맞힌 횟수: ☐ 번

해결 전략

표를 만들어 0점, 1점, 2점, 3점짜리 과녁을 맞혀 얻은 점수를 각각 알아봅니다.

풀이

❶ 0점, 1점, 2점, 3점짜리 과녁을 맞혀 얻은 점수를 표로 나타내기

점수	0점	1점	2점	3점
맞힌 횟수 (번)	3			
얻은 점수 (점)	$0 \times 3 = 0$			

❷ 주아의 점수는 모두 몇 점인지 구하기

(0점을 맞혀 얻은 점수)＋(1점을 맞혀 얻은 점수)

＋(2점을 맞혀 얻은 점수)＋(3점을 맞혀 얻은 점수)

＝☐＋☐＋☐＋☐＝☐(점)

답 ☐ 점

4 선하가 상자 속에서 공을 꺼내어 공에 적힌 수만큼 점수를 얻는 놀이를 하였습니다. 선하가 꺼낸 공이 다음과 같을 때 선하의 점수는 모두 몇 점입니까?

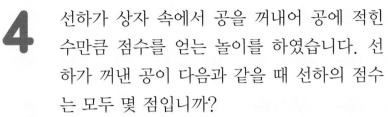

문제 분석

구하려는 것에 밑줄을 긋고 주어진 조건을 정리해 보시오.

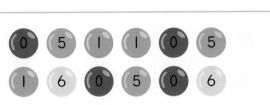

- ⬤0 을 꺼낸 횟수: ☐번
- ⬤1 을 꺼낸 횟수: ☐번
- ⬤5 를 꺼낸 횟수: ☐번
- ⬤6 을 꺼낸 횟수: ☐번

해결 전략

• 표를 만들어 공 ⬤0 , ⬤1 , ⬤5 , ⬤6 을 꺼내어 얻은 점수를 각각 알아봅니다.

풀이

❶ ⬤0 , ⬤1 , ⬤5 , ⬤6 을 꺼내어 얻은 점수를 표로 나타내기

❷ 선하의 점수는 모두 몇 점인지 구하기

답

5 다음과 같은 모양의 붙임딱지가 있습니다. 초록색 붙임딱지 중 삼각형 모양이 아닌 붙임딱지를 모두 찾아 기호를 쓰시오.

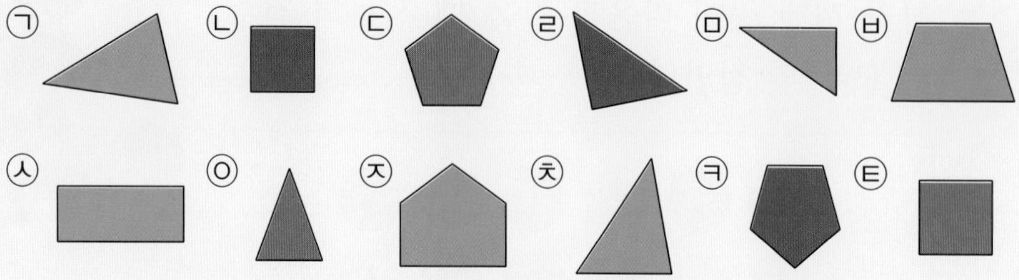

ㄱ ㄴ ㄷ ㄹ ㅁ ㅂ

ㅅ ㅇ ㅈ ㅊ ㅋ ㅌ

문제 분석

구하려는 것에 밑줄을 긋고 주어진 조건을 정리해 보시오.

• 붙임딱지의 모양: 삼각형, ☐ , ☐

• 붙임딱지의 색깔: 초록색, ☐ , ☐

해결 전략

모양과 ☐ 에 따라 분류해 봅니다.

풀이

❶ 붙임딱지를 두 가지 기준에 따라 분류하기

모양＼색깔	초록색	보라색	빨간색
삼각형			
사각형			
오각형			

❷ 초록색 붙임딱지 중 삼각형 모양이 아닌 붙임딱지 모두 찾기

표에서 초록색 붙임딱지 중 삼각형 모양이 아닌 붙임딱지는

☐ 입니다.

답 ☐

6 어느 편의점에 있는 음료입니다. 병에 담긴 우유와 종이팩에 담긴 주스는 모두 몇 개입니까?

**문제
분석**

구하려는 것에 밑줄을 긋고 주어진 조건을 정리해 보시오.
- 음료가 담긴 용기: 병, 종이팩
- 음료의 종류: 우유, 주스

**해결
전략**

담긴 용기와 음료의 종류에 따라 분류해 봅니다.

풀이

❶ 음료를 두 가지 기준에 따라 분류하기

❷ 병에 담긴 우유와 종이팩에 담긴 주스는 모두 몇 개인지 구하기

답

1 민지가 8월 한 달 동안의 날씨를 조사하였습니다. 가장 많은 날씨의 날수와 가장 적은 날씨의 날수의 차를 구하시오.

8월

일	월	화	수	목	금	토
	1 ☀	2 ☀	3 ☁	4 ☔	5 ☁	6 ☁
7 ☀	8 ☀	9 ☁	10 ☀	11 ☀	12 ☀	13 ☔
14 ☁	15 ☁	16 ☀	17 ☀	18 ☔	19 ☀	20 ☀
21 ☀	22 ☀	23 ☀	24 ☔	25 ☁	26 ☔	27 ☀
28 ☀	29 ☀	30 ☁	31 ☔			

☀ 맑음　☁ 흐림　☔ 비

> **해결전략** 날씨별 날수를 표로 나타내어 비교합니다.

2 찬희네 학교 미술실에 학종이가 1000장씩 5묶음, 100장씩 22묶음, 50장씩 10묶음, 10장씩 17묶음 있습니다. 미술실에 있는 학종이는 모두 몇 장입니까?

> **해결전략** 묶음별 학종이의 수를 표로 나타내 봅니다.

3 주호와 지윤이가 통에서 바둑돌을 하나씩 꺼내서 검은 돌이 나오면 3점, 흰 돌이 나오면 5점을 얻는 놀이를 하였습니다. 다음은 두 사람이 바둑돌을 9번씩 꺼낸 결과를 나타낸 표입니다. 둘 중 누가 몇 점 더 얻었습니까?

바둑돌		검은 돌	흰 돌
꺼낸 횟수(번)	주호	6	3
	지윤	4	5

> **해결전략** 바둑돌 색별 꺼낸 횟수를 표로 나타내어 두 사람의 점수를 각각 구합니다.

4 사각형 모양 단추 중 구멍이 2개만 있는 단추를 모두 찾아 기호를 쓰시오.

㉠   ㉡   ㉢   ㉣   ㉤   ㉥

㉦   ㉧   ㉨   ㉩   ㉪   ㉫

> **해결전략** 단추를 모양에 따라 분류한 후 구멍 수에 따라 분류합니다.

5 수아네 모둠과 진우네 모둠이 고리 던지기 놀이를 하였습니다. 수아네 모둠 6명 중 4명은 고리를 2개씩 걸고, 2명은 고리를 3개씩 걸었습니다. 진우네 모둠 6명 중 3명은 고리를 1개씩 걸고, 나머지 사람은 고리를 4개씩 걸었습니다. 어느 모둠이 고리를 몇 개 더 걸었습니까?

> 해결 전략 모둠별로 표를 만들어 건 고리 수의 합을 구하여 비교합니다.

6 나팔꽃 씨앗을 오늘까지 현지는 15개, 지우는 30개 심었습니다. 내일부터 현지는 하루에 15개씩, 지우는 하루에 12개씩 심는다면 두 사람이 심은 나팔꽃 씨앗의 수가 처음으로 같아지는 때는 오늘부터 며칠 후입니까?

> 해결 전략 심은 씨앗의 수를 표로 나타내어 두 사람이 심은 씨앗 수가 같아지는 때를 찾아봅니다.

7 진아와 동원이는 각각 주사위를 20번씩 던져서 눈의 수별 나온 횟수만큼 ○를 그렸습니다. 나온 눈의 수의 합이 더 큰 사람은 누구입니까?

눈의 수별 나온 횟수

진아						주사위 눈의 수	동원					
6	5	4	3	2	1		1	2	3	4	5	6
		○	○	○	○	1	○	○	○			
○	○	○	○	○	○	2	○	○	○	○	○	
		○	○	○	○	3	○	○	○	○	○	○
		○	○	○	○	4	○	○	○	○		
	○	○	○	○	○	5						
					○	6	○					

해결 전략 그래프를 보고 눈의 수별 나온 횟수를 표로 나타내어 눈의 수의 합을 각각 구합니다.

8 재은이가 문구점에서 2100원짜리 스케치북을 사려고 합니다. 재은이가 가지고 있는 돈이 다음과 같을 때 스케치북 값을 낼 수 있는 방법은 모두 몇 가지입니까?

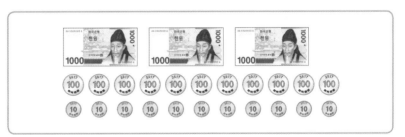

해결 전략
· (100원짜리 동전 10개)=(1000원짜리 지폐 1장)
· (10원짜리 동전 10개)=(100원짜리 동전 1개)

어느 아이스크림 가게에서 오늘 판 아이스크림을 각각 맛별, 모양별로 분류하여 나타낸 표입니다. 표를 보고 오늘 판 아이스크림을 아래의 스케치북에 모두 그림으로 나타내려고 합니다. 더 그려야 하는 아이스크림을 찾아 알맞게 그려 보시오.

맛별 아이스크림 수

맛	초코	딸기	민트	포도
수 (개)	4	5	2	3

모양별 아이스크림 수

모양	콘	바	튜브
수 (개)	5	5	4

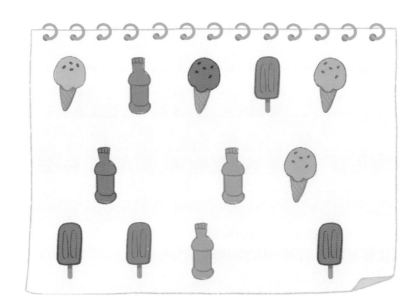

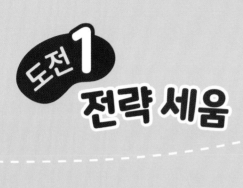

도전 1 전략 세움

거꾸로 풀어 해결하기

1 네 자리 수 ◆부터 10씩 5번 뛰어 센 수는 7961입니다. ◆부터 100씩 4번 뛰어 센 수는 얼마입니까?

문제 분석

구하려는 것에 밑줄을 긋고 주어진 조건을 정리해 보시오.

◆부터 [ ]씩 5번 뛰어 센 수: [ ]

◆					7961

① ② ③ ④ ⑤

해결 전략

• 먼저 거꾸로 뛰어 세어 네 자리 수 ◆의 값을 구합니다.

• 10씩 거꾸로 뛰어 세면 [ ]의 자리 숫자가 1씩 (커집니다 , 작아집니다).

• 100씩 뛰어 세면 [ ]의 자리 숫자가 1씩 (커집니다 , 작아집니다).

풀이

❶ 네 자리 수 ◆ 구하기

◆					7961

⑤ ④ ③ ② ①

➡ 7961부터 10씩 거꾸로 5번 뛰어 센 수: [ ]

❷ ◆부터 100씩 4번 뛰어 센 수 구하기

◆				

① ② ③ ④

➡ [ ]부터 100씩 4번 뛰어 센 수: [ ]

답 [ ]

2 네 자리 수 ▲부터 100씩 3번 뛰어 센 수는 3748입니다. ▲부터 20씩 4번 뛰어 센 수는 얼마입니까?

문제 분석

구하려는 것에 밑줄을 긋고 주어진 조건을 정리해 보시오.

▲부터 ☐ 씩 3번 뛰어 센 수: ☐

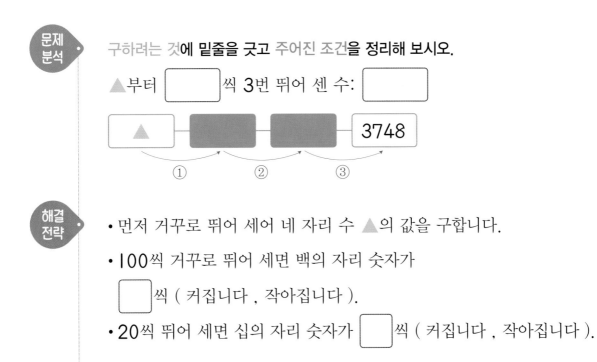

해결 전략

• 먼저 거꾸로 뛰어 세어 네 자리 수 ▲의 값을 구합니다.

• 100씩 거꾸로 뛰어 세면 백의 자리 숫자가

☐씩 (커집니다 , 작아집니다).

• 20씩 뛰어 세면 십의 자리 숫자가 ☐씩 (커집니다 , 작아집니다).

풀이

❶ 네 자리 수 ▲ 구하기

❷ ▲부터 20씩 4번 뛰어 센 수 구하기

답

거꾸로 풀어 해결하기

3 정훈이가 바구니 하나에 호두를 3개씩, 밤을 4개씩, 땅콩을 6개씩 담았습니다. 전체 바구니에 담은 밤이 모두 32개라면 바구니에 담은 호두와 땅콩은 모두 몇 개입니까?

문제 분석

구하려는 것에 밑줄을 긋고 주어진 조건을 정리해 보시오.

• 한 바구니에 담은 호두는 ☐개, 밤은 ☐개, 땅콩은 ☐개입니다.

• 전체 바구니에 담은 밤 수: 32개

해결 전략

(한 바구니에 담은 밤 수)×(전체 바구니 수)=(전체 밤 수)이므로
전체 바구니 수를 ■개라 하여 거꾸로 생각해 봅니다.

풀이

❶ 사용한 바구니는 모두 몇 개인지 구하기

사용한 전체 바구니 수를 ■개라 하면

한 바구니에 4개씩 담은 밤의 수가 모두 ☐개이므로

$4 ×$ ■ $=$ ☐, ■ $=$ ☐(개)입니다.

❷ 바구니에 담은 호두와 땅콩은 모두 몇 개인지 구하기

사용한 바구니가 모두 ☐개이므로

(3개씩 ☐바구니에 담은 호두의 수)$=3 ×$ ☐ $=$ ☐(개)

(6개씩 ☐바구니에 담은 땅콩의 수)$=6 ×$ ☐ $=$ ☐(개)

따라서 호두와 땅콩은 모두 ☐ $+$ ☐ $=$ ☐(개)입니다.

답

☐개

바른답 • 알찬풀이 11쪽

4 진아는 꽃병 하나에 장미를 5송이씩, 튤립을 7송이씩, 백합을 6송이씩 꽂았습니다. 전체 꽃병에 꽂은 튤립이 모두 49송이라면 꽃병에 꽂은 장미와 백합은 모두 몇 송이입니까?

문제 분석 구하려는 것에 밑줄을 긋고 주어진 조건을 정리해 보시오.

• 한 꽃병에 꽂은 장미는 ☐송이, 튤립은 ☐송이, 백합은 ☐송이 입니다.

• 전체 꽃병에 꽂은 튤립 수: ☐송이

해결 전략 (한 꽃병에 꽂은 튤립 수)×(전체 꽃병 수)=(전체 튤립 수)이므로 전체 꽃병 수를 ☐개라 하여 거꾸로 생각해 봅니다.

풀이 ❶ 사용한 꽃병은 모두 몇 개인지 구하기

❷ 꽃병에 꽂은 장미와 백합은 모두 몇 송이인지 구하기

답

5 해수가 탁자 위에 올라가자 바닥부터 해수의 머리끝까지의 길이가 나무의 높이와 같았습니다. 해수가 높이가 59 cm인 의자 위에 섰을 때 바닥에서부터 해수의 머리끝까지의 길이는 몇 m 몇 cm입니까?

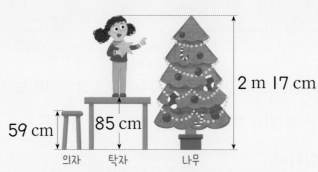

2 m 17 cm

59 cm   85 cm

의자   탁자   나무

문제 분석

구하려는 것에 밑줄을 긋고 주어진 조건을 정리해 보시오.

· 탁자의 높이: ☐ cm   · 나무의 높이: ☐ m ☐ cm

· 의자의 높이: ☐ cm

해결 전략

(탁자의 높이)＋(해수의 키)＝(☐의 높이)

풀이

❶ 해수의 키는 몇 m 몇 cm인지 구하기

(나무의 높이)－(탁자의 높이)＝☐ m ☐ cm－☐ cm

= ☐ m ☐ cm

❷ 의자 위에 섰을 때 바닥에서부터 해수의 머리끝까지의 길이는 몇 m 몇 cm 인지 구하기

(해수의 키)＋(의자의 높이)＝☐ m ☐ cm＋59 cm

= ☐ m ☐ cm

답 ☐ m ☐ cm

6 민호가 장난감 상자를 포장하는 데 끈을 2 m 38 cm 사용하고, 액자 상자를 포장하는 데 끈을 1 m 55 cm 사용했습니다. 남은 끈의 길이가 3 m 2 cm일 때 민호가 처음에 가지고 있던 끈은 몇 m 몇 cm 입니까?

문제 분석 구하려는 것에 밑줄을 긋고 주어진 조건을 정리해 보시오.

• 장난감 상자를 포장하는 데 사용한 끈의 길이: ☐ m ☐ cm

• 액자 상자를 포장하는 데 사용한 끈의 길이: ☐ m ☐ cm

• 남은 끈의 길이: ☐ m ☐ cm

해결 전략 (가지고 있던 끈의 길이)−(사용한 끈의 길이)=(남은 끈의 길이)

풀이 ❶ 사용한 끈의 길이는 모두 몇 m 몇 cm인지 구하기

❷ 처음에 가지고 있던 끈의 길이는 몇 m 몇 cm인지 구하기

답

7 축구 경기의 전반전과 후반전 시간은 각각 **45**분이고, 전반전과 후반전 사이의 쉬는 시간은 **10**분입니다. 후반전이 끝난 시각이 오후 **9**시 **20**분이라면 전반전 경기가 시작된 시각은 오후 몇 시 몇 분입니까?

문제 분석

구하려는 것에 밑줄을 긋고 주어진 조건을 정리해 보시오.

• 전반전과 후반전의 경기 시간: 각각 [ ]분

• 전반전과 후반전 사이의 쉬는 시간: [ ]분

• 후반전 경기가 끝난 시각: 오후 [ ]시 [ ]분

해결 전략

후반전이 끝난 시각부터 시간을 거꾸로 생각하여 후반전이 시작된 시각, 전반전이 끝난 시각, 전반전이 시작된 시각을 차례로 구합니다.

풀이

❶ 후반전 경기가 시작된 시각은 오후 몇 시 몇 분인지 구하기

오후 **9**시 **20**분이 되기 **45**분 전의 시각이므로

오후 [ ]시 [ ]분입니다.

❷ 전반전 경기가 끝난 시각은 오후 몇 시 몇 분인지 구하기

오후 [ ]시 [ ]분이 되기 **10**분 전의 시각이므로

오후 [ ]시 [ ]분입니다.

❸ 전반전 경기가 시작된 시각은 오후 몇 시 몇 분인지 구하기

오후 [ ]시 [ ]분이 되기 **45**분 전의 시각이므로

오후 [ ]시 [ ]분입니다.

답

오후 [ ]시 [ ]분

8 준기네 학교는 40분 동안 수업을 하고 10분 동안 쉬며, 4교시 후 점심 시간은 1시간입니다. 5교시 수업이 끝난 시각이 오후 2시라면 3교시 수업이 끝난 시각은 오전 몇 시 몇 분입니까? (단, 4교시 후와 점심시간 후에는 쉬는 시간이 없습니다.)

문제 분석

구하려는 것에 밑줄을 긋고 주어진 조건을 정리해 보시오.

- 수업 시간: ☐ 분
- 쉬는 시간: ☐ 분
- 4교시 수업 후 점심 시간: ☐ 시간
- 5교시 수업이 끝난 시각: 오후 ☐ 시

해결 전략

5교시 수업이 끝난 시각부터 시간을 거꾸로 생각하여 점심 시간, 4교시, 3교시가 끝난 시각을 차례로 구합니다.

풀이

❶ 점심 시간이 끝난 시각은 오후 몇 시 몇 분인지 구하기

❷ 4교시 수업이 끝난 시각은 오후 몇 시 몇 분인지 구하기

❸ 3교시 수업이 끝난 시각은 오전 몇 시 몇 분인지 구하기

답

1 빈칸에 알맞은 수를 구하시오.

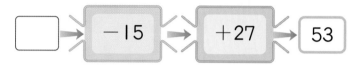

> 해결전략 거꾸로 생각하여 계산할 때 덧셈은 뺄셈으로, 뺄셈은 덧셈으로 바꾸어 계산합니다.

2 다음 삼각형의 세 변의 길이의 합이 15 m 68 cm일 때 빨간색 변의 길이는 몇 m 몇 cm입니까?

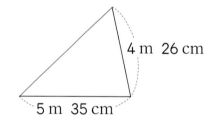

4 m 26 cm

5 m 35 cm

> 해결전략 세 변의 길이의 합에서 두 변의 길이를 빼면 나머지 한 변의 길이가 됩니다.

3 네 자리 수 ★부터 100씩 5번 뛰어 세면 4937이 됩니다. ★부터 1000씩 2번 뛰어 센 후 1씩 3번 뛰어 센 수는 얼마입니까?

> 해결전략 ★은 4937부터 100씩 거꾸로 5번 뛰어 센 수입니다.

4 어떤 수에서 32를 빼고 16을 더해야 하는데 잘못하여 23을 빼고 61을 더했더니 90이 되었습니다. 바르게 계산한 값을 구하시오.

해결전략 계산 결과에서 거꾸로 생각하여 어떤 수를 구한 후 바르게 계산합니다.

5 은지네 가족은 서울에서 부산으로 이사를 갔습니다. 부산에서 28개월을 산 후 다시 제주도로 이사를 가서 19개월을 살았더니 2022년 6월 15일이 되었습니다. 은지네 가족이 서울에서 부산으로 이사를 간 때는 몇 년 몇 월입니까?

해결전략 1년=12개월임을 이용하여 2022년 6월 15일에서 거꾸로 생각하여 계산합니다.

6 귤 630개를 한 상자에 100개씩 5상자에 담고 나머지는 한 봉지에 10개씩 담았습니다. 귤을 10개씩 담은 봉지는 몇 개입니까?

해결전략 630을 100이 몇 개, 10이 몇 개인 수로 나타낸 후 10개씩 담은 봉지의 수를 구합니다.

7 태호가 대륙별 나라 수를 조사하였더니 유럽에 있는 나라는 아프리카에 있는 나라보다 **9**개국 적고, 오세아니아에 있는 나라보다는 **31**개국 더 많았습니다. 오세아니아에 **14**개국이 있다면 아프리카에 있는 나라는 몇 개국입니까?

* 세계 각국 요람, 2018

> **해결 전략** (유럽에 있는 나라 수)=(아프리카에 있는 나라 수)-9
> ➡ (아프리카에 있는 나라 수)=(유럽에 있는 나라 수)+9

8 문구점에서 색연필을 **8**자루씩 묶어 **5**묶음 팔았더니 **12**자루가 남았고, 사인펜을 **9**자루씩 묶어 몇 묶음 팔았더니 **7**자루가 남았습니다. 처음 문구점에 있던 색연필과 사인펜의 수가 같을 때 판 사인펜은 몇 묶음입니까?

> **해결 전략** 처음 문구점에 있던 색연필의 수를 구한 후 판 사인펜의 수를 구합니다.

9 윤아는 만나기로 약속한 시각보다 15분 늦게 호준이를 만나 도서관에 들어가서 1시간 15분 동안 책을 읽었습니다. 그후 미술관으로 이동하여 전시회를 1시간 50분 동안 관람하고 5시 10분에 미술관에서 나왔습니다. 도서관에서 미술관으로 이동하는 데 35분이 걸렸다면 두 사람이 만나기로 약속했던 시각은 몇 시 몇 분입니까?

> **해결
> 전략** 미술관에서 나온 시각에서 거꾸로 생각하여 미술관에 들어간 시각, 도서관에서 나온 시각, 도서관에 들어간 시각, 약속 시각을 차례로 구합니다.

10 8590부터 몇씩 거꾸로 뛰어 세고 있습니다. 거꾸로 뛰어 센 수 중 8000에 가장 가까운 수를 구하시오.

> **해결
> 전략** 먼저 몇씩 거꾸로 뛰어 세었는지 알아봅니다.

도전, 창의사고력

바른답·알찬풀이 13쪽

매일 오전에 나무를 1 m 20 cm만큼 올라갔다가 오후에 30 cm만큼 미끄러져 내려오는 나무늘보가 있습니다. 이 나무늘보가 오늘 낮 12시에 5 m 높이까지 올라와 있었다면 그저께 밤 12시에는 몇 m 몇 cm 높이에 있었습니까?

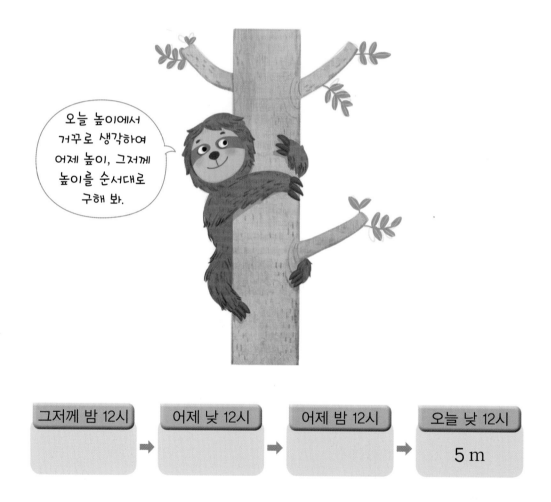

오늘 높이에서 거꾸로 생각하여 어제 높이, 그저께 높이를 순서대로 구해 봐.

그저께 밤 12시	어제 낮 12시	어제 밤 12시	오늘 낮 12시
			5 m

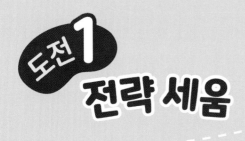

규칙을 찾아 해결하기

1 규칙에 따라 도형을 놓고 있습니다. 19번째에 놓이는 도형의 꼭짓점은 몇 개입니까?

문제 분석

구하려는 것에 밑줄을 긋고 주어진 조건을 정리해 보시오.

첫 번째 도형: ⬠, 두 번째 도형: ☐,

세 번째 도형: ☐, 네 번째 도형: ☐, ……

해결 전략

어떤 도형이 몇 개씩 반복되는지 도형을 놓은 규칙을 찾습니다.

풀이

❶ 도형을 놓은 규칙 찾기

⬠△⬡ / ⬠△⬡ / ⬠……이므로

3가지 도형 ⬠, ☐, ☐이 반복됩니다.

❷ 규칙에 따라 19번째에 놓이는 도형 알아보기

3가지 도형이 반복되고 3＋3＋3＋3＋3＋3＋☐＝19이므로

19번째에는 놓이는 도형은 (첫 번째 , 두 번째 , 세 번째) 도형과 같은

(⬠ , △ , ⬡)입니다.

❸ 19번째에 놓이는 도형의 꼭짓점은 몇 개인지 구하기

19번째에 놓이는 도형은 (오각형 , 삼각형 , 육각형)이므로
꼭짓점은 ☐개입니다.

답

☐개

2 혜민이가 규칙에 따라 원을 색칠하고 있습니다. 30번째 원은 무슨 색으로 칠해야 합니까?

문제 분석

구하려는 것에 밑줄을 긋고 주어진 조건을 정리해 보시오.

첫 번째 원의 색: 초록색, 두 번째 원의 색: 노란색,

세 번째 원의 색: 빨간색, 네 번째 원의 색: ☐

다섯 번째 원의 색: ☐ , ……

해결 전략

원의 색이 몇 개씩 반복되는지 원을 색칠하는 규칙을 찾습니다.

풀이

❶ 원을 색칠하는 규칙 찾기

❷ 규칙에 따라 30번째 원은 무슨 색으로 칠해야 하는지 알아보기

답

3 다음 수 배열표의 일부를 보고 ㉮에 알맞은 수를 구하시오.

302	304	306		
322				
342				
				㉮

문제 분석

구하려는 것에 밑줄을 긋고 주어진 조건을 정리해 보시오.

➡ 방향으로 놓인 수: 302, 304, ☐

⬇ 방향으로 놓인 수: 302, 322, ☐

해결 전략

수 배열표의 같은 줄에서 오른쪽으로 갈수록, 아래쪽으로 내려갈수록 수가 몇씩 커지거나 작아지는지 알아봅니다.

풀이

❶ 같은 줄에서 오른쪽으로 갈수록 수가 몇씩 커지는지 구하기

302, 304, ☐ 이므로 오른쪽으로 갈수록 ☐씩 커집니다.

❷ 같은 줄에서 아래쪽으로 내려갈수록 수가 몇씩 커지는지 구하기

302, 322, ☐ 이므로 아래쪽으로 내려갈수록 ☐씩 커집니다.

❸ ㉮에 알맞은 수 구하기

규칙에 따라 수 배열표의 빈칸을 채워 봅니다.

302	304	306		
322				
342				
				㉮

답 ☐

4 다음 수 배열표의 일부를 보고 ㉮에 알맞은 수를 구하시오.

㉮				
				5090
				5590
			5990	6040	6090

문제 분석

구하려는 것에 밑줄을 긋고 주어진 조건을 정리해 보시오.

◀ 방향으로 놓인 수: 6090, 6040, ☐

▲ 방향으로 놓인 수: 6090, 5590, ☐

해결 전략

수 배열표의 같은 줄에서 왼쪽으로 갈수록, 위쪽으로 올라갈수록 수가 몇씩 커지거나 작아지는지 알아봅니다.

풀이

❶ 같은 줄에서 왼쪽으로 갈수록 수가 몇씩 작아지는지 구하기

❷ 같은 줄에서 위쪽으로 올라갈수록 수가 몇씩 작아지는지 구하기

❸ ㉮에 알맞은 수 구하기

답

5 어느 해 8월 달력의 일부분입니다. 같은 해 개천절은 무슨 요일입니까?

8월

일	월	화	수	목	금	토
					1	2	3
4	5	6	7	8	9	10

문제분석 구하려는 것에 밑줄을 긋고 주어진 조건을 정리해 보시오.

• 어느 해 8월의 달력

• 개천절: ☐월 ☐일

해결전략

• 일주일은 ☐일이므로 같은 요일은 ☐일마다 반복됩니다.

• 8월은 ☐일까지 있고, 9월은 ☐일까지 있습니다.

풀이

❶ 8월의 마지막 날은 무슨 요일인지 구하기

8월 1일은 ☐요일이므로 8일, 15일, ☐일, ☐일도

☐요일이고, 8월 31일은 ☐요일입니다.

❷ 9월의 마지막 날은 무슨 요일인지 구하기

9월 1일은 ☐요일이므로 8일, 15일, ☐일, ☐일도

☐요일이고, 9월 30일은 ☐요일입니다.

❸ 개천절은 무슨 요일인지 구하기

10월 1일은 ☐요일이므로 개천절인 10월 3일은 ☐요일입니다.

답 ☐

바른답 • 알찬풀이 14쪽

6 어느 해 4월의 달력입니다. 같은 해 5월 1일부터 현충일까지 토요일은 모두 몇 번 있습니까?

4월

일	월	화	수	목	금	토
			1	2	3	4
5	6	7	8	9	10	11
12	13	14	15	16	17	18
19	20	21	22	23	24	25
26	27	28	29	30		

문제 분석

구하려는 것에 밑줄을 긋고 주어진 조건을 정리해 보시오.

• 어느 해 4월의 달력   • 현충일: ☐월 ☐일

해결 전략

• 5월 1일부터 현충일까지 월별로 토요일을 찾아봅니다.

• 4월은 ☐일까지 있고, 5월은 ☐일까지 있습니다.

풀이

❶ 5월에 토요일이 모두 몇 번 있는지 구하기

❷ 5월 1일부터 현충일까지 토요일은 모두 몇 번 있는지 구하기

답

7 한 변의 길이가 1 cm이고 세 변의 길이가 모두 같은 작은 삼각형을 겹치지 않게 이어 붙여 규칙적으로 도형을 그리고 있습니다. 여섯 번째 도형에서 빨간색 선의 길이는 몇 cm입니까?

첫 번째

두 번째

 ......

세 번째

문제 분석

구하려는 것에 밑줄을 긋고 주어진 조건을 정리해 보시오.

작은 삼각형의 한 변의 길이는 1 cm이고, 삼각형의 세 변의 길이는 모두 (다릅니다 , 같습니다).

해결 전략

그린 순서에 따라 빨간색 선의 길이가 늘어나는 규칙을 찾아봅니다.

풀이

1 빨간색 선의 길이가 늘어나는 규칙 찾기

순서 (번째)	1	2	3	4	5	6
빨간색 선의 길이 (cm)	3	6				

+3   +3   ◯   ◯   ◯

➡ 빨간색 선의 길이가 [ ] cm씩 늘어나는 규칙입니다.

2 여섯 번째 도형에서 빨간색 선의 길이는 몇 cm인지 구하기

여섯 번째 도형에서 빨간색 선의 길이는 [ ] cm입니다.

답 [ ] cm

8 한 변의 길이가 2 cm이고 네 변의 길이가 모두 같은 작은 사각형을 겹치지 않게 이어 붙여 규칙적으로 도형을 그리고 있습니다. 일곱 번째 도형에서 파란색 선의 길이는 몇 cm입니까?

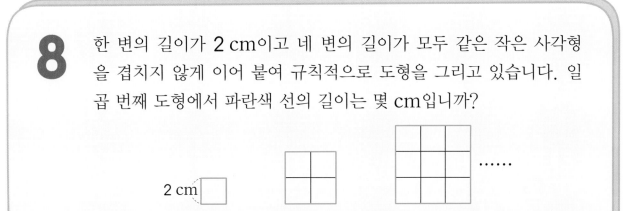

2 cm

첫 번째   두 번째   세 번째

문제 분석

구하려는 것에 밑줄을 긋고 주어진 조건을 정리해 보시오.

작은 사각형의 한 변의 길이는 ☐ cm이고, 사각형의 네 변의 길이는 모두 (다릅니다 , 같습니다).

해결 전략

그린 순서에 따라 파란색 선의 길이가 늘어나는 규칙을 찾아봅니다.

풀이

❶ 파란색 선의 길이가 늘어나는 규칙 찾기

❷ 일곱 번째 도형에서 파란색 선의 길이는 몇 cm인지 구하기

답

1 규칙에 따라 도형을 놓고 있습니다. ㉠과 ㉡에 각각 알맞은 도형의 변의 수의 합은 몇 개입니까?

> **해결전략** 어떤 도형이 몇 개씩 반복되는지 도형을 놓은 규칙을 찾습니다.

2 수가 놓인 규칙을 찾아 ☐ 안에 알맞은 수들의 합을 구하시오.

0, 1, 0, 2, 0, 3, ☐, 4, ☐, ☐, 0, ☐, ……

> **해결전략** 놓인 수 중 반복되는 수와 커지는 수를 알아보고 규칙을 찾습니다.

3 규칙에 따라 놓은 모형시계입니다. 6번째 모형시계는 몇 시 몇 분을 가리킵니까?

첫 번째   두 번째   세 번째   네 번째

> **해결전략** 각 모형시계가 가리키는 시각을 읽고 시각이 변하는 규칙을 찾습니다.

4 규칙에 따라 원을 크기가 같은 조각으로 나누고 있습니다. 여섯 번째 원은 몇 조각으로 나누어집니까?

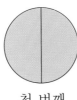   ······

첫 번째　　　　두 번째　　　　세 번째

> **해결 전략** 순서에 따라 조각 수를 세어 조각 수가 늘어나는 규칙을 찾습니다.

5 오른쪽은 왼쪽 곱셈표의 일부분입니다. 규칙을 찾아 ㉠과 ㉡에 알맞은 수를 각각 구하시오.

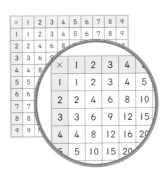

> **해결 전략** 42와 54가 몇 단 곱셈구구의 곱인지 생각해 봅니다.

6 도형 안에 수가 놓인 규칙을 찾아 **가**에 알맞은 수를 구하시오.

 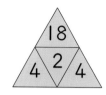 

> 해결
> 전략 삼각형의 바깥쪽에 놓인 세 수의 계산으로 가운데 놓인 수가 나오는 규칙을 찾아봅니다.

7 규칙에 따라 실에 보석을 꿰고 있습니다. 보석을 **27**개 꿰었다면 꿴 보석 중 삼각형 모양 보석은 모두 몇 개입니까?

> 해결
> 전략 보석의 모양이 반복되는 규칙을 찾습니다.

8 규칙에 따라 쌓기나무를 쌓았습니다. **10**번째 모양에 놓아야 하는 쌓기나무는 몇 개입니까?

첫 번째   두 번째   세 번째   네 번째

> 해결
> 전략 쌓은 쌓기나무 수가 몇 개씩 늘어나는지 알아봅니다.

바른답 • 알찬풀이 16쪽

9 규칙에 따라 다음과 같이 가, 나, 다, 라, ……를 쓰려고 합니다. 사는 몇 번 써야 합니까?

다	다	다	다	다	다
다	나	나	나	나	다
다	나	가	가	나	다
다	나	가	가	나	다
다	나	나	나	나	다
다	다	다	다	다	다

해결 전략 가, 나, 다를 쓴 횟수가 몇 번씩 늘어나는지 알아봅니다.

10 지애가 공연을 보러 가서 수진이를 만났습니다. 지애는 마열 12번째 자리이고, 수진이는 다열 9번째 자리입니다. 정해진 입장 시작 시각에 입장할 때 두 사람의 입장 시작 시각은 각각 몇 시 몇 분입니까?

무대

첫째 둘째 셋째 넷째 ……

가열	1	2	3	4	5	6	7	8
나열	16	17	18	19	20			
다열	31							

자리 번호	입장 시작 시각
1~20	1시
21~40	1시 10분
41~60	1시 20분
⋮	⋮

해결 전략 먼저 각 열에 의자가 몇 개인지 알아보고 두 사람의 자리 번호를 알아봅니다.

전략 세움 **75**

도전, 창의사고력

1칸, 2칸, 3칸, 4칸짜리 신호가 규칙에 따라 켜지거나 꺼지고 있습니다. 규칙을 찾아 5칸짜리 신호의 빈칸에 ○와 ●를 알맞게 그려 넣으시오.

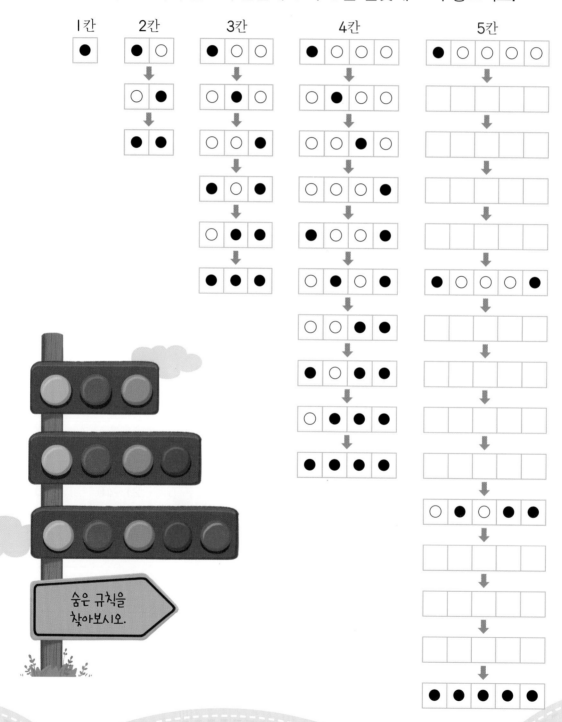

숨은 규칙을 찾아보시오.

도전 1
전략 세움

예상과 확인으로 해결하기

1 승우가 네 장의 수 카드 중 두 장을 뽑았습니다. 승우가 뽑은 두 수의 합이 나머지 두 수의 곱보다 **4**만큼 더 클 때 승우가 뽑은 두 수를 쓰시오.

| 1 | 3 | 5 | 6 |

문제 분석

구하려는 것에 밑줄을 긋고 주어진 조건을 정리해 보시오.

• 수 카드의 수: □, □, □, □

• (뽑은 두 수의 합)＝(나머지 두 수의 곱)＋□

해결 전략

승우가 뽑은 두 수를 예상하고 뽑은 두 수의 합이 나머지 두 수의 곱보다 □만큼 더 큰 수인지 확인해 봅니다.

풀이

❶ 뽑은 두 수를 5와 6으로 예상하고 두 수의 합과 나머지 두 수의 곱 비교하기

(뽑은 두 수의 합)＝5＋□＝□

(나머지 두 수의 곱)＝1×□＝□

(뽑은 두 수의 합)−(나머지 두 수의 곱)＝□−□＝□

❷ 뽑은 두 수를 3과 6으로 예상하고 두 수의 합과 나머지 두 수의 곱 비교하기

(뽑은 두 수의 합)＝3＋□＝□

(나머지 두 수의 곱)＝1×□＝□

(뽑은 두 수의 합)−(나머지 두 수의 곱)＝□−□＝□

따라서 승우가 뽑은 두 수는 □, □입니다.

답 □, □

2 하진이가 네 장의 수 카드 중 두 장을 뽑았습니다. 하진이가 뽑은 두 수의 곱이 나머지 두 수의 합보다 **3**만큼 더 작을 때 하진이가 뽑은 두 수의 차를 구하시오.

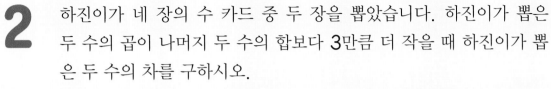

문제 분석

구하려는 것에 밑줄을 긋고 주어진 조건을 정리해 보시오.

• 수 카드의 수: ☐, ☐, ☐, ☐

• (뽑은 두 수의 곱)=(나머지 두 수의 합)−☐

해결 전략

하진이가 뽑은 두 수를 예상하고 뽑은 두 수의 곱이 나머지 두 수의 합 보다 ☐만큼 더 작은 수인지 확인해 봅니다.

풀이

❶ 뽑은 두 수를 0과 2로 예상하고 두 수의 곱과 나머지 두 수의 합 비교하기

❷ 뽑은 두 수를 0과 7로 예상하고 두 수의 곱과 나머지 두 수의 합 비교하기

❸ 하진이가 뽑은 두 수의 차 구하기

답

3 승효가 길이가 **40** cm인 리본을 한 번 잘라 두 개의 꽃다발을 각각 묶으려고 합니다. 자른 리본 도막 중 긴 도막의 길이가 짧은 도막의 길이보다 **8** cm 더 길다면 긴 도막의 길이는 몇 cm입니까?

문제 분석

구하려는 것에 밑줄을 긋고 주어진 조건을 정리해 보시오.

• 리본의 전체 길이: ☐ cm

• 두 도막의 길이의 차: ☐ cm

해결 전략

긴 도막과 짧은 도막의 길이의 합이 ☐ cm가 되는 경우를 예상하고 두 도막의 길이의 차가 ☐ cm인 경우를 찾아봅니다.

풀이

❶ 길이의 합이 40 cm가 되는 경우를 예상하고 차 구해 보기

긴 도막의 길이(cm)	21	22	23	24	25
짧은 도막의 길이(cm)	19	18			
길이의 차(cm)	2				

❷ 긴 도막의 길이는 몇 cm인지 구하기

두 도막의 길이의 차가 8 cm인 경우를 찾아보면

긴 도막이 ☐ cm, 짧은 도막이 ☐ cm일 때입니다.

따라서 긴 도막의 길이는 ☐ cm입니다.

답

☐ cm

4 민선이네 가족이 농장에서 감자와 고구마를 모두 82개 캤습니다. 고구마보다 감자를 26개 더 많이 캤다면 캔 감자와 고구마는 각각 몇 개입니까?

 문제 분석

구하려는 것에 밑줄을 긋고 주어진 조건을 정리해 보시오.

• 캔 감자와 고구마 수의 합: [ ]개

• 캔 감자와 고구마 수의 차: [ ]개

해결 전략

캔 감자와 고구마 수의 합이 [ ]개가 되는 경우를 예상하고

캔 감자와 고구마의 수의 차가 [ ]개인 경우를 찾아봅니다.

 풀이

❶ 캔 감자와 고구마 수의 합이 82개가 되는 경우를 예상하고 차 구해 보기

❷ 감자와 고구마는 각각 몇 개인지 구하기

답

1 어떤 두 수의 곱은 18이고 차는 3입니다. 이 두 수의 합을 구하시오.

> 해결
> 전략
> 곱이 18이 되는 두 수를 예상하고 차가 3인지 확인해 봅니다.

2 다연이가 세잎클로버와 네잎클로버를 모두 10개 땄습니다. 딴 클로버의 잎을 모두 세어 보니 33장이었습니다. 다연이가 딴 네잎클로버는 몇 개입니까?

> 해결
> 전략
> 클로버 수의 합이 10개인 경우를 예상하여 잎의 수의 합이 33장인지 확인해 봅니다.

3 십의 자리 숫자가 3인 두 자리 수 중에서 빈칸에 들어갈 수 있는 수를 모두 구하시오.

$$37 + \boxed{} > 73$$

> 해결
> 전략
> 십의 자리 숫자가 3인 두 자리 수를 3■라 하여 ■에 알맞은 수를 예상해 봅니다.

바른답 • 알찬풀이 18쪽

4 가희의 수학 점수는 수빈이의 수학 점수보다 15점 더 높습니다. 두 사람의 수학 점수의 합이 165점이라면 수빈이의 수학 점수는 몇 점입니까?

> 해결
> 전략 차가 15점이 되도록 두 사람의 점수를 예상하고 합이 165점인지 확인해 봅니다.

5 정수는 귤을 3개보다 많이 8개보다 적게 가지고 있습니다. 정수가 가진 귤의 수의 5배는 20개보다 많고, 6배는 35개보다 적습니다. 정수가 가지고 있는 귤은 몇 개입니까?

> 해결
> 전략 귤의 수를 3개보다 많고 8개보다 적게 예상하고 확인해 봅니다.

6 아인이가 종이에 삼각형, 사각형, 육각형을 각각 같은 개수만큼 그렸습니다. 그린 도형의 변의 수의 합이 52개일 때 아인이가 그린 도형은 모두 몇 개입니까?

> 해결
> 전략 도형을 몇 개씩 그렸는지 예상하고 변의 수의 합이 52개인지 확인해 봅니다.

7 합이 75에 가장 가까운 두 수를 골라 두 수의 합을 구하시오.

| 21 | 49 | 33 | 57 |

> 해결
> 전략 수를 각각 몇십으로 어림하여 합이 70이나 80이 되는 두 수를 예상해 봅니다.

8 1부터 9까지의 수 중에서 ★, ■에 알맞은 수를 각각 구하시오.

$$★ × ■ = 12$$
$$90 - 3★ - ■9 = 25$$

> **해결 전략** 곱이 12인 두 수를 예상하여 두 번째 식을 만족하는지 확인합니다.

9 달력에서 어느 달의 첫째 월요일의 날짜와 둘째 화요일의 날짜를 더했더니 20이었습니다. 이달의 1일은 무슨 요일입니까?

> **해결 전략** 일주일은 7일이므로 같은 요일은 7일마다 반복됩니다.

10 예은이가 공책 한 권을 사고 500원짜리, 100원짜리, 50원짜리 동전을 섞어서 모두 5개 냈습니다. 공책 값이 900원과 1250원 사이일 때 공책 값은 얼마입니까? (단, 500원짜리, 100원짜리, 50원짜리 동전을 한 개씩은 반드시 사용하였고 거스름돈은 없습니다.)

> **해결 전략** 동전 수의 합이 5개인 경우를 예상하여 금액의 합을 확인해 봅니다.

부자가 가지고 있는 금 구슬 6개 중 하나는 가짜라고 합니다. 진짜 금 구슬의 무게는 모두 같고, 가짜 금 구슬은 진짜 금 구슬보다 무겁습니다. 양팔저울을 한 번만 더 사용하여 가짜 금 구슬을 찾는 방법을 설명해 보시오.

예상 1

저울이 한쪽으로 기울면 ＿＿＿＿＿
＿＿＿＿＿＿＿＿＿＿＿＿＿＿＿

예상 2

저울이 기울지 않으면 ＿＿＿＿＿
＿＿＿＿＿＿＿＿＿＿＿＿＿＿＿

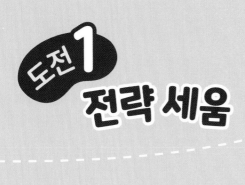

조건을 따져 해결하기

1 다음 조건에 알맞은 세 자리 수를 모두 구하시오.

- 483보다 크고 839보다 작습니다.
- 십의 자리 숫자는 40을 나타냅니다.
- 일의 자리 숫자는 8을 나타냅니다.

문제 분석

구하려는 것에 밑줄을 긋고 주어진 조건을 정리해 보시오.

- 십의 자리 숫자는 [ ], 일의 자리 숫자는 [ ]을 나타냅니다.
- 483보다 크고 [ ]보다 작은 수입니다.

해결 전략

조건을 따져 세 자리 수의 십의 자리 숫자와 일의 자리 숫자를 알아본 후 크기를 비교하여 조건에 알맞은 수를 모두 찾습니다.

풀이

❶ 십의 자리 숫자와 일의 자리 숫자 각각 구하기

십의 자리 숫자가 40을 나타내므로 십의 자리 숫자는 [ ]이고,

일의 자리 숫자가 8을 나타내므로 일의 자리 숫자는 [ ]입니다.

➡ 세 자리 수: ■ [ ] [ ]

❷ 조건에 알맞은 세 자리 수 모두 구하기

483< ■48 <839에서

■ 안에 들어갈 수 있는 수는 [ ], [ ], [ ]이므로

조건에 알맞은 세 자리 수는 [ ], [ ], [ ]입니다.

답 [ ], [ ], [ ]

2 다음 조건에 알맞은 수를 모두 구하시오.

> • 5×7의 곱보다 큽니다.
> • 6×8의 곱보다 작습니다.
> • 9단 곱셈구구의 곱입니다.

문제 분석

구하려는 것에 밑줄을 긋고 주어진 조건을 정리해 보시오.

• ☐ 단 곱셈구구의 곱입니다.

• ☐ × ☐ 의 곱보다 크고, ☐ × ☐ 의 곱보다 작습니다.

해결 전략

☐ 단 곱셈구구의 곱을 떠올리고 그중 주어진 범위 안에 있는 수를 모두 찾습니다.

풀이

❶ 9단 곱셈구구의 곱 알아보기

❷ 조건에 알맞은 수 모두 구하기

답

3 서희의 한 뼘의 길이는 15 cm, 동생의 한 뼘의 길이는 12 cm입니다. 서희가 의자의 높이를 뼘으로 재면 4번입니다. 이 의자의 높이를 동생의 뼘으로 재면 몇 번입니까?

문제 분석

구하려는 것에 밑줄을 긋고 주어진 조건을 정리해 보시오.

• 한 뼘의 길이: 서희 ☐ cm, 동생 ☐ cm

• 의자의 높이를 서희의 뼘으로 재면 ☐ 번입니다.

해결 전략

한 뼘의 길이를 잰 횟수만큼 더하면 의자의 높이가 됩니다.

풀이

❶ 의자의 높이는 몇 cm인지 구하기

의자의 높이는 서희의 한 뼘의 길이를 ☐ 번 더한 것과 같습니다.

(의자의 높이) = ☐ cm + ☐ cm + ☐ cm + ☐ cm

4번

= ☐ cm

❷ 의자의 높이를 동생의 뼘으로 재면 몇 번인지 구하기

의자의 높이인 ☐ cm는 동생의 한 뼘의 길이인 ☐ cm를 몇 번 더한 것과 같은지 알아봅니다.

60 cm = 12 cm + 12 cm + ☐ cm + ☐ cm + ☐ cm

따라서 의자의 높이를 동생의 뼘으로 재면 ☐ 번입니다.

답 ☐ 번

바른답 • 알찬풀이 21쪽

4 길이가 10 cm인 숟가락으로 도마의 긴 쪽 길이를 재면 다음과 같습니다. 이 도마의 긴 쪽 길이를 포크로 재면 5번일 때 포크의 길이는 몇 cm입니까?

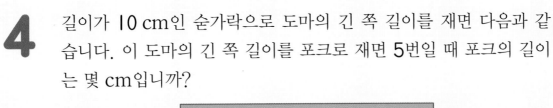

문제 분석

구하려는 것에 밑줄을 긋고 주어진 조건을 정리해 보시오.

• 숟가락의 길이: ☐ cm

• 도마의 긴 쪽 길이를 숟가락으로 재면 ☐ 번입니다.

• 도마의 긴 쪽 길이를 포크로 재면 ☐ 번입니다.

해결 전략

숟가락의 길이를 잰 횟수만큼 더하면 도마의 긴 쪽 길이가 됩니다.

풀이

❶ 도마의 긴 쪽 길이는 몇 cm인지 구하기

❷ 포크의 길이는 몇 cm인지 구하기

답

익히기

5 설아가 350원짜리 딱풀 10개와 500원짜리 가위를 몇 개 사려고 합니다. 설아가 5800원을 가지고 있다면 가위는 최대 몇 개까지 살 수 있습니까?

문제 분석 구하려는 것에 밑줄을 긋고 주어진 조건을 정리해 보시오.

- 딱풀 한 개의 가격: ☐ 원 • 딱풀 개수: 10개
- 가위 한 개의 가격: ☐ 원 • 설아가 가지고 있는 돈: ☐ 원

해결 전략

- 딱풀 10개의 값에서부터 ☐ 원을 넘지 않을 때까지 가위 한 개의 가격인 ☐ 원씩 뛰어 세어 봅니다.
- 500씩 뛰어 세면 백의 자리 숫자가 ☐ 씩 (커집니다 , 작아집니다).

풀이

❶ 딱풀 10개의 값은 얼마인지 구하기

350원짜리 딱풀 10개의 값은 ☐ 원입니다.

❷ 가위는 최대 몇 개까지 살 수 있는지 구하기

☐ 부터 500씩 뛰어 세어 봅니다.

| 3500 | ☐ | ☐ | ☐ | ☐ | 6000 |

➡ 5800을 넘지 않을 때까지 ☐ 번 뛰어 세었으므로

가위는 최대 ☐ 개까지 살 수 있습니다.

답 ☐ 개

6 지환이가 300원짜리 자두 몇 개와 610원짜리 복숭아 10개를 사려고 합니다. 지환이가 8000원을 가지고 있다면 자두는 최대 몇 개까지 살 수 있습니까?

문제 분석

구하려는 것에 밑줄을 긋고 주어진 조건을 정리해 보시오.

• 자두 한 개의 가격: ☐ 원

• 복숭아 한 개의 가격: ☐ 원   • 복숭아 개수: 10개

• 지환이가 가지고 있는 돈: ☐ 원

해결 전략

• 복숭아 10개의 값에서부터 ☐ 원을 넘지 않을 때까지

자두 한 개의 가격인 ☐ 원씩 뛰어 세어 봅니다.

• 300씩 뛰어 세면 백의 자리 숫자가 ☐ 씩 (커집니다 , 작아집니다).

풀이

❶ 복숭아 10개의 값은 얼마인지 구하기

❷ 자두는 최대 몇 개까지 살 수 있는지 구하기

답

1 오른쪽 곱셈표를 완성할 때 분홍색 칸에 쓰이는 수들의 합은 초록색 칸에 쓰이는 수들의 합보다 얼마나 더 큽니까?

×		4		6
3	9			
			20	
		20	25	
6				

> **해결전략** 세로줄에 있는 수와 가로줄에 있는 수를 곱하여 곱셈식을 완성합니다.

2 세 장의 수 카드를 한 번씩만 사용하여 만들 수 있는 세 자리 수는 모두 몇 개입니까?

> **해결전략** 세 수를 각각 백, 십, 일의 자리에 놓아 봅니다.

3 은호네 모둠 친구들이 각자 어림하여 3 m 30 cm가 되도록 밧줄을 잘랐습니다. 자른 밧줄의 길이가 3 m 30 cm에 가까운 사람부터 차례로 이름을 쓰시오.

	은호	해림	다솔	규성
자른 밧줄의 길이	3 m 51 cm	2 m 80 cm	3 m	3 m 13 cm

> **해결전략** 자른 밧줄의 길이와 3 m 30 cm의 차가 작을수록 3 m 30 cm에 가깝습니다.

4 4장의 수 카드를 한 번씩만 사용하여 2000보다 크고 4000보다 작은 네 자리 수를 만들려고 합니다. 만들 수 있는 네 자리 수 중에서 가장 큰 수를 구하시오.

> 해결전략 조건을 따져 각 자리에 넣어야 하는 수를 천의 자리부터 차례로 알아봅니다.

5 수직선에서 ㉠이 나타내는 수를 구하시오.

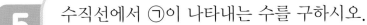

800   900   ㉠

> 해결전략 눈금 한 칸의 크기를 구하여 눈금 한 칸만큼씩 뛰어 세어 봅니다.

6 주하가 우산으로 교실의 긴 쪽 길이를 재었더니 9번이었습니다. 우산과 가위의 길이가 다음과 같을 때 가위로 교실의 긴 쪽 길이를 재면 몇 번입니까?

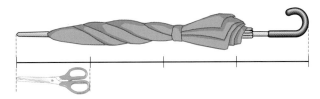

> 해결전략 먼저 우산의 길이가 가위의 길이의 몇 배인지 알아봅니다.

7 소예네 모둠 학생들이 고리 던지기 놀이를 하였습니다. 각자 고리를 10개씩 던졌을 때 학생별 건 고리 수를 조사하여 표와 그래프로 나타낸 것입니다. 건 고리 수가 5개보다 많은 사람은 모두 몇 명입니까?

학생별 건 고리 수

이름	소예	서진	하은	유미	합계
고리 수(개)		4		6	23

학생별 건 고리 수

고리 수(개)	소예	서진	하은	유미
7	×			
6	×			×
5	×			×
4	×			×
3	×			×
2	×			×
1	×			×

 해결 전략 먼저 표와 그래프의 내용을 비교하여 빈 곳을 채웁니다.

8 올해 새연이의 생일은 9월의 마지막 날인 토요일입니다. 현우는 새연이보다 2주일 먼저 태어났습니다. 준호의 생일은 현우보다 29일 늦을 때 올해 준호의 생일은 몇 월 며칠 무슨 요일입니까?

해결 전략 9월이 며칠까지인지 알고 조건을 따져 새연, 현우, 준호의 생일을 차례로 구합니다.

9 건우가 5일 동안 요일별로 푼 수학 문제 수를 나타낸 그래프입니다. 화요일 과 금요일에 푼 문제 수는 같고, 수요일에 푼 문제 수는 금요일의 3배입니 다. 전체 푼 문제 수가 26개일 때 수요일에 푼 문제는 몇 개입니까?

요일별 건우가 푼 문제 수

문제 수 (개) 요일	월	화	수	목	금
9					
8					
7					
6	○				
5	○			○	
4	○			○	
3	○			○	
2	○			○	
1	○			○	

해결전략 화요일에 푼 문제 수를 □개라 하여 금요일, 수요일에 푼 문제 수를 나타내 봅니다.

10 길이가 3 m 40 cm인 실을 잘라 그림과 같이 세 도막으로 나누었습니다. 가장 짧은 도막의 길이는 몇 m 몇 cm입니까?

6 cm

8 cm

해결전략 세 도막의 길이를 각각 □를 이용하여 나타내 봅니다.

장난감 자동차 공장에서 오늘 만든 자동차에 번호판을 붙이고 있습니다. 2885부터 3021까지 차례로 번호를 매긴다면 오늘 만든 자동차 중 번호판에 0이 있는 자동차는 모두 몇 대입니까?

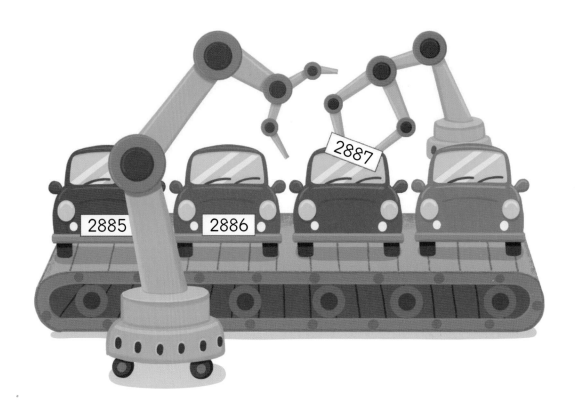

해결 전략 완성으로 문장제·서술형 고난도 유형 도전하기

전략 이룸 **50**제

바른답 • 알찬풀이 24쪽

식을 만들어 해결하기

1 재희의 두 걸음의 길이는 1 m입니다. 재희가 어림하여 6 m의 길이를 재려면 같은 걸음으로 몇 번 재어야 합니까?

그림을 그려 해결하기

2 한 봉지에 3개씩 들어 있는 삶은 달걀이 8봉지 있습니다. 이 달걀을 한 사람이 2개씩 먹는다면 모두 몇 명이 먹을 수 있습니까?

표를 만들어 해결하기

3 1000이 4개, 100이 16개, 10이 7개, 1이 28개인 수보다 100만큼 더 작은 수는 얼마입니까?

4 규칙에 따라 노란색 구슬과 초록색 구슬을 꿰었습니다. ㉠, ㉡, ㉢에 알맞은 구슬의 색깔을 각각 쓰시오.

5 다음 중 신발끈이 있는 파란색 신발은 모두 몇 켤레입니까?

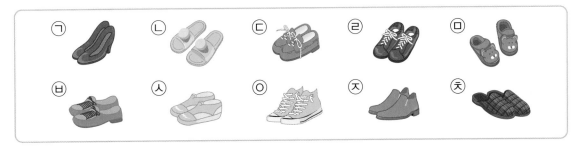

6 우민이가 1시간 40분 동안 친구들과 야구 경기를 했습니다. 경기를 마친 시각에 거울에 비친 시계를 보았더니 오른쪽과 같았습니다. 야구 경기를 시작한 시각은 몇 시 몇 분입니까?

거꾸로 풀어 해결하기

거꾸로 풀어 해결하기

7 어떤 수와 3의 곱에 5를 더한 수는 8과 4의 곱과 같습니다. 어떤 수를 구하시오.

조건을 따져 해결하기

8 500보다 크고 600보다 작은 세 자리 수 중에서 각 자리 숫자의 합이 9인 수를 모두 구하시오.

9 빈칸에 알맞은 수를 써넣으시오.

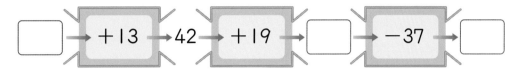

10 다음 도형에서 찾을 수 있는 크고 작은 사각형은 모두 몇 개입니까?

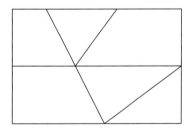

거꾸로 풀어 해결하기

11 ▲부터 50씩 6번 뛰어 세면 3284가 됩니다. ▲부터 1000씩 4번 뛰어 센 수는 얼마입니까?

규칙을 찾아 해결하기

12 규칙을 찾아 네 번째 그림을 완성하시오.

첫 번째   두 번째   세 번째   네 번째

거꾸로 풀어 해결하기

13 생선 가게에서 한 상자에 7개씩 들어 있는 고등어는 4상자 팔고, 한 상자에 8개씩 들어 있는 갈치는 2상자 팔았습니다. 생선 가게에 남아 있는 고등어가 5마리, 갈치가 7마리일 때 처음 생선 가게에 있던 고등어와 갈치는 모두 몇 마리입니까?

조건을 따져 해결하기

14 세 친구가 리본의 길이를 다음과 같이 어림하였습니다. 실제 길이에 가장 가깝게 어림한 사람은 누구입니까?

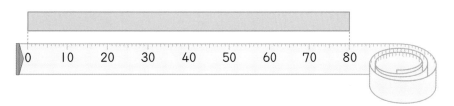

	누리	소은	정석
어림한 길이	약 85 cm	약 78 cm	약 83 cm

규칙을 찾아 해결하기

15 규칙에 따라 수를 쓰고 있습니다. 색칠한 칸에 알맞은 수를 구하시오.

I	I	I	I	I
I	2	3	4	5
I	3	6		
I	4	10		
I	5			

식을 만들어 해결하기

16 마을별 학생 수를 조사하여 나타낸 표입니다. 라라 마을의 학생 수는 풀잎 마을의 학생 수보다 28명 더 적고, 벽화 마을의 학생 수는 은하수 마을의 학생 수보다 7명 더 많습니다. 네 마을의 학생은 모두 몇 명입니까?

마을별 학생 수

마을	은하수	라라	풀잎	벽화	합계
학생 수(명)	36	29			

예상과 확인으로 해결하기

17 같은 모양은 같은 수를 나타냅니다. 1부터 9까지의 수 중에서 ▲, ★, ● 모양에 알맞은 수를 각각 구하시오.

$$
\begin{array}{r}
\text{● ★} \\
+ \quad \text{● ★} \\
\hline
\text{▲ ▲ } 6
\end{array}
$$

거꾸로 풀어 해결하기

18 일정한 빠르기로 빨라지는 시계가 있습니다. 어제 오후 7시에 이 시계의 시각을 정확히 맞추었더니 오늘 오전 4시에 이 시계가 가리키는 시각이 오른쪽과 같았습니다. 이 시계는 한 시간에 몇 분씩 빨라집니까?

조건을 따져 해결하기

19 더 큰 수가 놓인 쪽으로 기울어지는 양팔저울이 있습니다. 1부터 9까지의 수 중 □ 안에 공통으로 들어갈 수 있는 수를 모두 구하시오.

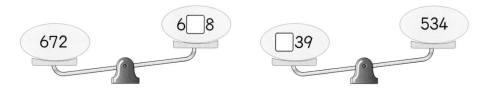

식을 만들어 해결하기

20 어느 과수원에서 수확한 사과를 한 상자에 9개씩 7상자에 넣었더니 사과가 5개 남았습니다. 상자에 넣은 사과를 다시 꺼내서 전체 사과를 한 바구니에 5개씩 5바구니에, 한 봉지에 4개씩 6봉지에 담았습니다. 남은 사과는 몇 개입니까?

21 효진이와 수현이가 과녁 맞히기 놀이를 하였습니다. 각각 12번씩 화살을 던져 효진이는 모두 25점을 얻었고, 수현이가 점수별로 과녁을 맞힌 횟수는 다음 표와 같았습니다. 둘 중 점수가 더 높은 사람은 누구입니까?

과녁 점수별 맞힌 횟수

점수	5점	3점	1점	0점
맞힌 횟수(번)	2	3	5	2

22 집에서 학교까지 갈 때 서점을 지나서 가는 거리와 은행을 지나서 가는 거리 중에서 어느 곳을 지나서 가는 거리가 몇 m 몇 cm 더 가깝습니까?

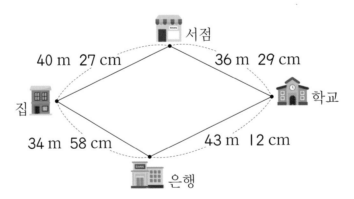

23 규칙에 따라 종이컵을 쌓고 있습니다. 8층으로 쌓으려면 종이컵은 몇 개 필요합니까?

1층   2층   3층

24 오늘은 화요일이고, 정민이의 생일은 오늘부터 25일 후입니다. 정민이의 생일은 무슨 요일입니까?

25 지윤이는 1교시 수업이 시작하기 30분 전에 학교에 도착하였습니다. 지윤이네 학교는 45분 동안 수업을 하고 10분 동안 쉽니다. 3교시 수업을 시작한 시각이 10시 45분이라면 지윤이가 학교에 도착한 시각은 몇 시 몇 분입니까?

26

예상과 확인으로 해결하기

예린이가 용돈 5000원을 모두 사용하여 간식을 사 먹으려고 합니다. 가격이 다음과 같을 때 두 가지 간식을 골라 사 먹을 수 있는 방법은 모두 몇 가지입니까?

27

조건을 따져 해결하기

유주의 키는 1 m 27 cm입니다. 동생의 키는 몇 m 몇 cm입니까?

28

조건을 따져 해결하기

벽시계의 긴바늘은 3에서 작은 눈금으로 3칸 더 간 곳을 가리키고, 짧은바늘은 7에 가장 가깝게 있습니다. 이 벽시계가 가리키는 시각에서 긴바늘이 한 바퀴 돌면 몇 시 몇 분이 됩니까?

29 삼각형 두 개를 다음과 같이 겹치게 그렸습니다. 빨간색 삼각형의 꼭짓점에 있는
세 수의 합과 파란색 삼각형의 꼭짓점에 있는 세 수의 합이 같을 때 ⭐에 알맞은
수를 구하시오.

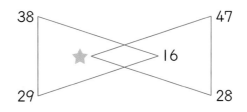

30 영재네 반 학생 31명에게 풀을 한 개씩 나누어 주려고 합니다. 풀을 새싹 문구점
에서는 4개씩, 푸른 문구점에서는 6개씩, 무지개 문구점에서는 7개씩 묶어서 묶
음으로만 판다고 합니다. 나누어 주고 남는 풀이 가장 적으려면 풀을 어느 문구
점에서 사야 합니까?

그림을 그려 해결하기

31 작은 사각형의 한 변의 길이는 1 cm로 모두 같습니다. 개미가 선을 따라 과자를 먹으러 갈 때 가장 가까운 길은 몇 cm입니까?

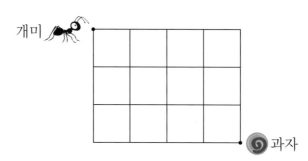

규칙을 찾아 해결하기

32 고속 열차의 좌석 번호를 나타낸 것입니다. 지혜의 좌석 번호가 8C일 때 지혜보다 세 줄 앞에 앉은 사람의 좌석 번호를 구하시오.

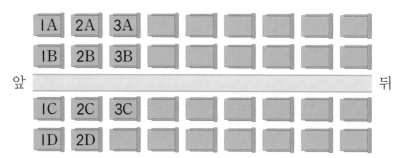

33 다음 조건에 알맞은 ●를 구하시오.

> • 7의 ■배는 56입니다.
> • ■의 3배는 ▲입니다.
> • 4의 ●배는 ▲입니다.

34 4장의 수 카드 중 3장을 뽑아 한 번씩만 사용하여 세 자리 수를 만들려고 합니다. 일의 자리 숫자가 2이고, 550보다 큰 수는 모두 몇 개 만들 수 있습니까?

35 가 모양에서 쌓기나무를 한 개만 옮겨서 가와 나를 앞에서 본 모양이 서로 같아지도록 만들려고 합니다. 옮겨야 할 쌓기나무의 기호를 찾아 쓰시오. (단, 쌓기나무의 면끼리 맞닿도록 옮깁니다.)

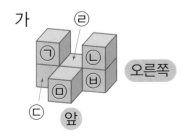

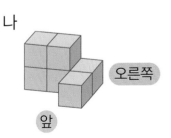

조건을 따져 해결하기

36 가 모둠과 나 모둠 학생들이 가지고 있는 구슬 수를 각각 표와 그래프로 나타낸 것입니다. 가 모둠의 정우와 나 모둠의 윤하가 가지고 있는 구슬 수의 합은 **9**개 이고, 가 모둠이 나 모둠보다 구슬을 **2**개 더 많이 가지고 있다면 가 모둠의 솔아 가 가지고 있는 구슬은 몇 개입니까?

가 모둠의 학생별 구슬 수

이름	정우	사랑	민준	연서	솔아	합계
구슬 수(개)	5	2	3	6		

나 모둠의 학생별 구슬 수

구슬 수(개) \ 이름	윤하	혜수	시안	도윤	하준
6			×		
5			×		×
4			×		×
3		×	×		×
2		×	×		×
1		×	×	×	×

예상과 확인으로 해결하기

37 어떤 두 수의 곱은 **12**이고, 합은 **7**입니다. 이 두 수의 차를 구하시오.

38 어느 해 6월 달력의 일부분입니다. 같은 해 5월의 둘째 금요일은 며칠입니까?

39 길이가 5 m 20 cm인 철사를 한 번 잘라 두 도막으로 만들었습니다. 두 도막의 길이의 차가 104 cm일 때 짧은 도막의 길이는 몇 m 몇 cm입니까?

40 규칙에 따라 수 카드를 늘어놓고 있습니다. 수 카드를 모두 19장 늘어놓았을 때 4가 적힌 수 카드는 2가 적힌 수 카드보다 몇 장 더 적습니까?

2 2 4 3 2 2 4 3 2 2 4 3 ……

41 체육 시간에 일직선 트랙을 따라 달리기를 하고 있습니다. 은재는 예진이보다 3 m 69 cm 앞서고 있고, 예진이는 윤호보다 10 m 15 cm 앞서고 있습니다. 윤호는 서준이보다 11 m 58 cm 뒤에 있다면 은재는 서준이보다 몇 m 몇 cm 앞서고 있습니까?

그림을 그려 해결하기

42 같은 줄에 있는 세 수의 합이 각각 17이 되도록 ◯ 안에 2부터 7까지의 수를 한 번씩만 써넣으시오.

조건을 따져 해결하기

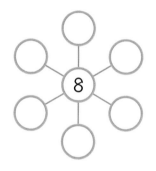

43 지금 시각은 6월 7일 수요일 오후 4시 25분입니다. 지금부터 시계의 짧은바늘이 4바퀴 돌고 곧바로 긴바늘이 3바퀴 반 돌면 몇 월 며칠 무슨 요일, 몇 시 몇 분이 됩니까?

조건을 따져 해결하기

44 지은이 어머니가 주먹밥을 만들어 한 통에 8개씩 4통에 담았습니다. 지은이가 주먹밥 몇 개를 꺼내 먹고 나니 남은 주먹밥이 먹은 주먹밥보다 12개 더 많았습니다. 지은이가 먹은 주먹밥은 몇 개입니까?

45 그림에서 한 원 안에 있는 네 수의 합은 각각 100으로 같습니다. ㉰에 알맞은 수를 구하시오.

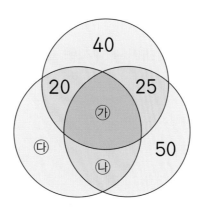

예상과 확인으로 해결하기

46 공원에 두발자전거와 세발자전거가 모두 합해 13대 있습니다. 자전거의 바퀴 수의 합이 30개일 때 두발자전거는 세발자전거보다 몇 대 더 많습니까?

표를 만들어 해결하기

47 지용이네 반 학생 25명이 태어난 계절을 조사하여 나타낸 그래프입니다. 여름에 태어난 남학생 수와 가을에 태어난 남학생 수가 같을 때 가장 많은 학생이 태어난 계절부터 차례로 쓰시오.

태어난 계절별 학생 수

학생 수 (명) \ 계절	봄		여름		가을		겨울	
5							○	
4			△				○	
3			△		○		○	△
2	○	△	△		○		○	△
1	○	△	△		○		○	△

○: 남학생
△: 여학생

조건을 따져 해결하기

48 다음과 같이 34에 한 자리 수인 ㉠과 ㉡을 더했더니 십의 자리 숫자와 일의 자리 숫자가 같은 두 자리 수 ★★이 되었습니다. 두 자리 수 ★★을 구하시오.

$$34+㉠+㉡=★★$$

예상과 확인으로 해결하기

49 다음은 어느 곱셈표의 일부분입니다. ㉠에 알맞은 수를 구하시오.

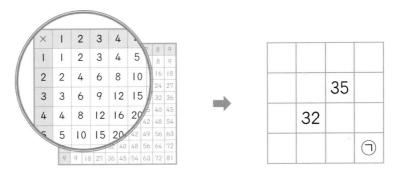

조건을 따져 해결하기

50 다음 식에서 ★이 50일 때 ■에 알맞은 수를 구하시오.

$$▲+▲=★$$
$$♥+8=▲+★$$
$$■-▲=♥-★+▲+1$$

Memo

퍼즐 학습으로 재미있게 초등 어휘력을 키우자!

퍼즐런

말풍선: 하루 4개씩 25일 완성!

어휘력을 키워야 문해력이 자랍니다.
문해력은 국어는 물론 모든 공부의 기본이 됩니다.

퍼즐런 시리즈로
재미와 학습 효과 두 마리 토끼를 잡으며,
문해력과 함께 공부의 기본을
확실하게 다져 놓으세요.

Fun! Puzzle! Learn!

재미있게!   퍼즐로!   배워요!

맞춤법
초등학생이 자주 틀리는
헷갈리는 맞춤법 100

속담
초등 교과 학습에 꼭 필요한
빈출 속담 100

사자성어
생활에서 자주 접하는
초등 필수 사자성어 100

미래엔 초등 도서 목록

초코

교과서 달달 쓰기 · 교과서 달달 풀기
1~2학년 국어 · 수학 교과 학습력을 향상시키고
초등 코어를 탄탄하게 세우는 기본 학습서
[4책] 국어 1~2학년 학기별
[4책] 수학 1~2학년 학기별

미래엔 교과서 길잡이, 초코
초등 공부의 핵심[CORE]를 탄탄하게 해 주는
슬림 & 심플한 교과 필수 학습서
[8책] 국어 3~6학년 학기별, [8책] 수학 3~6학년 학기별
[8책] 사회 3~6학년 학기별, [8책] 과학 3~6학년 학기별

전과목 단원평가
빠르게 단원 핵심을 정리하고, 수준별 문제로 실전력을 키우는
교과 평가 대비 학습서
[8책] 3~6학년 학기별

문제 해결의 길잡이

원리 8가지 문제 해결 전략으로 문장제와 서술형 문제 정복
[12책] 1~6학년 학기별

심화 문장제 유형 정복으로 초등 수학 최고 수준에 도전
[6책] 1~6학년 학년별

퍼즐런

초등 필수 어휘를 퍼즐로 재미있게 익히는 학습서
[3책] 사자성어, 속담, 맞춤법

하루한장 예비 초등

한글완성
초등학교 입학 전 한글 읽기·쓰기 동시에 끝내기
[3책] 기본 자모음, 받침, 복잡한 자모음

예비초등
기본 학습 능력을 향상하며 초등학교 입학을 준비하기
[2책] 국어, 수학

하루한장 독해

독해 시작편
초등학교 입학 전 기본 문해력 익히기 30일 완성
[2책] 문장으로 시작하기, 짧은 글 독해하기

어휘
문해력의 기초를 다지는 초등 필수 어휘 학습서
[6책] 1~6학년 단계별

독해
국어 교과서와 연계하여 문해력의 기초를 다지는 독해 기본서
[6책] 1~6학년 단계별

독해+플러스
본격적인 독해 훈련으로 문해력을 향상시키는 독해 실전서
[6책] 1~6학년 단계별

비문학 독해 (사회편·과학편)
비문학 독해로 배경지식을 확장하고 문해력을 완성시키는
독해 심화서
[사회편 6책, 과학편 6책] 1~6학년 단계별

수학 상위권 향상을 위한 문장제 해결력 완성

문제
해결의
길잡이

심화

수학 2학년

바른답·알찬풀이

Mirae N 에듀

을 만들어 해결하기

 익히기 10~17쪽

1
덧셈과 뺄셈

 연수네 학교 2학년 학생은 모두 몇 명
62 / 14

해결전략 (뺄셈식) / (덧셈식)

풀이

① 14 / 14, 48
② 48, 110

답 110

2
덧셈과 뺄셈

문제분석 아버지가 딴 딸기는 모두 몇 개
45 / 28

해결전략 (덧셈식) / (덧셈식)

풀이

① (어머니가 딴 딸기 수)
＝(지호가 딴 딸기 수)＋28
＝45＋28＝73(개)
② (아버지가 딴 딸기 수)
＝(지호가 딴 딸기 수)
＋(어머니가 딴 딸기 수)
＝45＋73＝118(개)

답 118개

3
곱셈구구

문제분석 색연필과 볼펜은 모두 몇 자루
7 / 3

해결전략 (곱셈식) / (덧셈식)

풀이

① 4, 7, 28
② 9, 3, 27
③ 28, 27, 55

답 55

4
 곱셈구구

문제분석 재영이와 친구들이 먹고 남은 귤은 몇 개
4 / 3

해결전략 (곱셈식) / (뺄셈식)

풀이

① (어머니가 사 오신 귤 수)
＝(한 봉지에 들어 있는 귤 수)×(봉지 수)
＝8×4＝32(개)
② 귤을 먹은 사람은 재영이와 친구 4명이므로
모두 5명입니다.
(재영이와 친구들이 먹은 귤 수)
＝(한 사람이 먹은 귤 수)×(사람 수)
＝3×5＝15(개)
③ (먹고 남은 귤 수)
＝(어머니가 사 오신 귤 수)
－(재영이와 친구들이 먹은 귤 수)
＝32－15＝17(개)

답 17개

5
여러 가지 도형

문제분석 그린 그림의 변의 수는 모두 몇 개
5, 5

해결전략 5, 5 / (곱셈식)

풀이

① 3, 4
② 3, 15 / 4, 20 / 15, 20, 35

답 35

6
여러 가지 도형

문제분석 그린 그림의 꼭짓점의 수는 모두 몇 개
2, 7, 8

해결전략 2, 7, 8 / (곱셈식)

풀이

① 원은 꼭짓점이 없습니다.

오각형의 꼭짓점의 수는 5개, 육각형의 꼭짓점의 수는 6개입니다.

❷ (원 2개의 꼭짓점의 수)=0×2=0(개),
(오각형 7개의 꼭짓점의 수)
=5×7=35(개),
(육각형 8개의 꼭짓점의 수)
=6×8=48(개)
(그린 그림의 꼭짓점의 수)
=0+35+48=83(개)

답 83개

7
길이 재기

문제분석 이어 붙여 만든 색 테이프의 전체 길이는 몇 m 몇 cm
5, 60 / 1, 30

해결전략 (짧습니다)/ 1, 30

풀이

❶ 3, 15, 5, 60, 8, 75
❷ 8, 75, 1, 30, 7, 45

답 7, 45

8
길이 재기

문제분석 집에서 공원과 놀이터를 차례로 지나서 박물관까지 가는 거리는 모두 몇 m 몇 cm
38, 30 / 54, 75

해결전략 놀이터

풀이

❶ (집에서 놀이터까지의 거리)
+(공원에서 박물관까지의 거리)
=38 m 30 cm+54 m 75 cm
=92 m+105 cm
=93 m 5 cm
❷ (집에서 박물관까지의 거리)
=(집에서 놀이터까지의 거리와 공원에서 박물관까지의 거리의 합)
-(공원에서 놀이터까지의 거리)
=93 m 5 cm-11 m 55 cm
=92 m 105 cm-11 m 55 cm
=81 m 50 cm

답 81 m 50 cm

적용하기
18~21쪽

1
덧셈과 뺄셈

민재와 지호가 가지고 있는 동전 수의 차는 27-19=8(개)입니다.
따라서 민재와 지호가 가지고 있는 금액의 차는 100원짜리 동전 8개의 금액과 같으므로 800원입니다.

답 800원

2
곱셈

색종이는 모두 5+3=8(장) 있고, 색종이를 오려서 한 장에서 원 모양을 5개씩 만들 수 있습니다.
따라서 5개씩 8장이므로 만들 수 있는 원 모양은 모두 5×8=40(개)입니다.

답 40개

3
길이 재기

100 cm=1 m이므로 송주가 가지고 있는 끈의 길이는 120 cm=1 m 20 cm입니다.
(다은이가 가지고 있는 끈의 길이)
=1 m 20 cm+2 m 45 cm=3 m 65 cm
(두 사람이 가지고 있는 끈의 길이의 합)
=(송주가 가지고 있는 끈의 길이)
+(다은이가 가지고 있는 끈의 길이)
=1 m 20 cm+3 m 65 cm=4 m 85 cm

답 4 m 85 cm

4
표와 그래프, 덧셈과 뺄셈

(딸기 맛 사탕 수)
=(포도 맛 사탕 수)+25=6+25=31(개)
(자두 맛 사탕 수)
=(멜론 맛 사탕 수)-9=18-9=9(개)
따라서 병에 들어 있는 사탕은 모두
31+9+18+6=64(개)입니다.

답 64개

5

사과를 한 상자에 $3 \times 2 = 6$(개)씩 담아 포장하여 4상자를 팔았으므로
판 사과는 $6 \times 4 = 24$(개)입니다.
따라서 과일 가게에 남은 사과는
$50 - 24 = 26$(개)입니다.

답 ▶ **26개**

6

(수지가 사용한 철사의 길이)
$= 50 - 12 = 38$ (cm)
(정민이가 사용한 철사의 길이)
$= 55 - 9 = 46$ (cm)
따라서 $38 < 46$이므로 정민이가
$46 - 38 = 8$ (cm) 더 많이 사용하였습니다.

답 ▶ **정민, 8 cm**

7

(리본 세 도막의 길이의 합)
$= 2 \text{ m } 83 \text{ cm} + 2 \text{ m } 83 \text{ cm} + 2 \text{ m } 83 \text{ cm}$
$= 6 \text{ m} + 249 \text{ cm} = 8 \text{ m } 49 \text{ cm}$
(겹치는 부분의 길이의 합)
$=$ (리본 세 도막의 길이의 합)
$\quad -$ (이어 붙여 만든 리본의 전체 길이)
$= 8 \text{ m } 49 \text{ cm} - 7 \text{ m } 89 \text{ cm}$
$= 7 \text{ m } 149 \text{ cm} - 7 \text{ m } 89 \text{ cm}$
$= 60 \text{ cm}$
리본 세 도막을 겹치게 이어 붙이면 겹치는 부분은 두 군데 생깁니다.
겹치는 부분의 길이의 합은 60 cm이고
$30 + 30 = 60$이므로 겹치는 부분 한 군데의 길이는 30 cm입니다.

답 ▶ **30 cm**

8

(캠핑카 7대에서 잘 수 있는 사람 수)
$= 6 \times 7 = 42$(명)

(대형 텐트 5개에서 잘 수 있는 사람 수)
$= 9 \times 5 = 45$(명)
(소형 텐트 4개에서 잘 수 있는 사람 수)
$= 4 \times 4 = 16$(명)
따라서 캠핑카와 텐트에서 잘 수 있는 사람은 모두 $42 + 45 + 16 = 103$(명)입니다.

답 ▶ **103명**

9

원 안에 있는 수는 19이므로 ㉠$=19$입니다.
사각형 안에 있는 수는 24, 48이므로
㉡$= 24 + 48 = 72$입니다.
오각형 안에 있는 수는 35, 12, 9이므로
㉢$= 35 + 12 + 9 = 56$입니다.
따라서 ㉠$+$㉡$-$㉢$= 19 + 72 - 56$
$\qquad\qquad\qquad = 91 - 56 = 35$입니다.

답 ▶ **35**

10

(밧줄 4개의 길이의 합)
$= 2 \text{ m } 10 \text{ cm} + 2 \text{ m } 10 \text{ cm} + 2 \text{ m } 10 \text{ cm}$
$\quad + 2 \text{ m } 10 \text{ cm} = 8 \text{ m } 40 \text{ cm}$
매듭을 묶는 데 사용한 밧줄의 길이가 밧줄 한 개당 17 cm이고, 하나의 매듭에는 두 개의 밧줄이 사용되므로
매듭 하나에 사용한 밧줄의 길이는
$17 \text{ cm} + 17 \text{ cm} = 34 \text{ cm}$입니다.
매듭은 3개이므로 매듭을 묶는 데 사용한 밧줄의 길이의 합은
$34 \text{ cm} + 34 \text{ cm} + 34 \text{ cm}$
$= 102 \text{ cm} = 1 \text{ m } 2 \text{ cm}$입니다.
이어 묶어 만든 밧줄의 전체 길이는 밧줄 4개 길이의 합보다 매듭을 묶는 데 사용한 길이의 합만큼 더 짧습니다.
➡ (이어 묶어 만든 밧줄의 전체 길이)
$\quad = 8 \text{ m } 40 \text{ cm} - 1 \text{ m } 2 \text{ cm} = 7 \text{ m } 38 \text{ cm}$

답 ▶ **7 m 38 cm**

참고 밧줄 4개를 이어 묶었으므로 매듭은 3개 만들어집니다.

코끼리, 악어, 사자, 기린을 모두 구경하려면 적어도 세 번 이동해야 합니다.

이동하는 데 걸리는 시간을 기준으로 생각해 보면 이동 시간이 가장 짧은 경우는 16분, 17분, 18분입니다. ➡ 순서대로 이어서 이동할 수 없으므로 세 번 이동하여 네 가지 동물을 모두 볼 수 없습니다.

다음으로 이동 시간이 짧은 경우는 16분, 17분,

19분입니다. ➡ 19분, 17분, 16분 순서로 이동하면 순서대로 이어서 이동할 수 있으므로 세 번 이동하여 네 가지 동물을 모두 볼 수 있습니다.

따라서 악어부터 네 가지 동물을 가장 짧은 시간 안에 보려면 악어, 기린, 코끼리, 사자의 순서로 보아야 합니다.

 **답** 기린, 코끼리, 사자

그림을 그려 해결하기

전략 세움

1
덧셈과 뺄셈

문제 분석 민수가 유정이에게 마카롱을 몇 개 주어야 합니까

25 / 19

풀이

❶ (위에서부터) 25, 6

❷ 25, 6 / 6 / 3

답 3

2
덧셈과 뺄셈

문제 분석 승호가 하윤이에게 구슬을 몇 개 주어야 합니까

14 / 24

풀이

❶
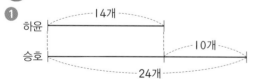

❷ 승호는 하윤이보다 구슬을 24-14=10(개) 더 많이 사용하였습니다.

두 사람이 사용한 구슬 수가 같아지려면 승호가 10개의 절반인 5개를 하윤이에게 주어야 합니다.

 답 5개

3
시각과 시간

문제 분석 3교시 수업을 시작하는 시각은 몇 시 몇 분

9 / 40 / 10

해결 전략 10

풀이

❶ 10 / 4, 1

❷ 10, 40

답 10, 40

4
시각과 시간

문제 분석 소희가 관광을 한 시간은 모두 몇 시간

10 / 5 / 7

풀이

❶
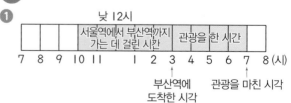

❷ 시간 띠에서 한 칸은 1시간을 나타내고, 소희가 관광을 한 시간은 4칸이므로 4시간입니다.

답 4시간

5

문제분석 가장 많은 학생이 좋아하는 계절과 가장 적은 학생이 좋아하는 계절의 학생 수의 차
계절

풀이

❶

좋아하는 계절별 학생 수

학생 수 (명) \ 계절	봄	여름	가을	겨울
5		○		
4		○		
3	○	○	○	
2	○	○	○	
1	○	○	○	○

❷ 5, 여름 / 1, 겨울 / 5, 1, 4

답 4

6

문제분석 가장 많은 색깔의 구슬과 가장 적은 색깔의 구슬 수의 합
색깔

해결전략 색깔

풀이

❶

색깔별 구슬 수

구슬 수 (개) \ 색깔	빨간색	파란색	노란색	초록색	보라색
6	×				
5	×		×	×	
4	×		×	×	
3	×	×	×	×	
2	×	×	×	×	×
1	×	×	×	×	×

❷ ×가 6개로 가장 많은 색깔은 빨간색이고, ×가 2개로 가장 적은 색깔은 보라색입니다. 따라서 가장 많은 색깔의 구슬과 가장 적은 색깔의 구슬 수의 합은 6＋2＝8(개)입니다.

답 8개

7

문제분석 찾을 수 있는 크고 작은 삼각형은 모두 몇 개
5

풀이

❶ 5 / ③, ④ / 4 / ④, ⑤, 1

❷ 4, 1, 10

답 10

8

문제분석 찾을 수 있는 크고 작은 사각형은 모두 몇 개
4

해결전략 4 / 2, 3

풀이

❶ 작은 삼각형에 번호를 정해 크고 작은 사각형을 모두 찾아봅니다.

작은 삼각형 2개짜리:
①＋②, ②＋③, ②＋④ ➡ 3개
작은 삼각형 3개짜리:
①＋②＋③, ①＋②＋④, ②＋③＋④
➡ 3개

❷ 찾을 수 있는 크고 작은 사각형은 모두 3＋3＝6(개)입니다.

답 6개

1　　　　　　　　　　　　　　　여러 가지 도형

4개의 점 중 2개의 점을 이어 곧은 선을 모두 그은 후 자르면 다음과 같습니다.

따라서 그은 선을 따라 자르면 삼각형이 모두 8개 만들어집니다.

답 8개

2　　　　　　　　　　　　　　　덧셈과 뺄셈

고등어와 꽁치의 수를 각각 ○를 이용하여 나타낸 후 팔린 수만큼 /으로 지워 봅니다.

고등어	○○○○○○○○○○○ ○○○○○◎◎◎◎ ◎
꽁치	○○○○○○○○◎ ◎◎◎◎◎◎◎◎

남은 ○의 수를 비교하면 고등어는 꽁치보다 7마리 더 많습니다.
따라서 남은 고등어와 꽁치의 수가 같아지려면 고등어를 7마리 더 팔아야 합니다.

답 7마리

3　　　　　　　　　　　　　　　길이 재기

그림을 그려 세 사람의 한 뼘의 길이를 비교해 봅니다.

책상의 긴 쪽의 길이					
민지 한 뼘					
재규 한 뼘					
석훈 한 뼘					

따라서 한 뼘의 길이가 가장 긴 사람은 재규입니다.

답 재규

참고 같은 길이를 각자의 뼘으로 잴 때 잰 횟수가 적을수록 한 뼘의 길이가 깁니다.

4　　　　　　　　　　　　　　　곱셈

얼룩으로 가려진 부분에 선을 모두 그은 후 선이 만나는 곳에 점을 찍어 봅니다.
가려진 부분에는 점이 8개씩 3줄과 2개씩 2줄 있습니다.

8개씩 3줄 ➡ 8×3=24(개)
2개씩 2줄 ➡ 2×2=4(개)
따라서 얼룩으로 가려진 부분에 찍은 점은 모두 24+4=28(개)입니다.

답 28개

참고 가려진 부분에 점이 2개씩 5줄과 6개씩 3줄 있다고 할 수도 있습니다.

5　　　　　　　　　　　　　　　표와 그래프

표에서 사람별 고리를 건 횟수를 세어 보면 수호 3번, 설아 1번, 다연 3번, 하성 2번입니다.
고리를 건 횟수를 /를 사용하여 그래프로 나타냅니다.

답

사람별 고리를 건 횟수

3	/		/	
2	/		/	/
1	/	/	/	/
횟수 (번) \ 사람	수호	설아	다연	하성

6　　　　　　　　　　　　　　　시각과 시간

미술관에 들어간 시각: 오전 11시 20분
미술관에서 나온 시각: 오후 1시 50분
1시간을 6칸으로 나누어 한 칸이 10분을 나타내는 시간 띠를 그리고, 미술관에 들어간 시각부터 미술관에서 나온 시각까지 시간 띠에 색칠해 봅니다.

시간 띠 한 칸이 10분을 나타내고 시간 띠를 15칸만큼 색칠했으므로 미술관에 있었던 시간은 150분＝60분＋60분＋30분＝2시간＋30분 ＝2시간 30분입니다.

답 2시간 30분

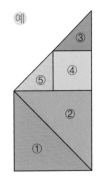
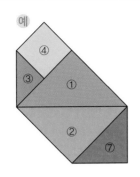

참고 사각형을 만든 다른 답: 예

육각형을 만든 다른 답: 예

5개의 점 중에서 3개의 점을 이어 삼각형을 그려 봅니다.

따라서 만들 수 있는 삼각형은 모두 **10**개입니다.

답 **10**개

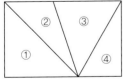

작은 삼각형에 번호를 정해 크고 작은 사각형을 모두 찾아봅니다.
작은 삼각형 2개짜리: ①＋②, ③＋④ ➡ 2개
작은 삼각형 3개짜리: ①＋②＋③,
       ②＋③＋④ ➡ 2개

작은 삼각형 4개짜리: ①＋②＋③＋④ ➡ 1개
따라서 찾을 수 있는 크고 작은 사각형은 모두
2＋2＋1＝5(개)입니다.

답 **5**개

32명에서 6명을 빼고 남은 26명을 반으로 나누어 ○를 13개씩 그린 후 남학생이 여학생보다 6명 더 많으므로 남학생 쪽에 ○를 6개 더 그립니다.

남학생	○○○○○○○○○○○○○ ○○○○○○ ➡ 19명
여학생	○○○○○○○○○○○○○ ➡ 13명

따라서 재영이네 반 남학생은 **19**명입니다.

답 **19**명

도전, 창의사고력   36쪽

거울 방에 있는 시계 ㉠, ㉡, ㉢이 나타내는 시각을 시계에 바르게 나타내 봅니다.

㉠   ㉡   ㉢

거꾸로 방에 있는 시계 ㉣, ㉤, ㉥이 나타내는 시각을 시계에 바르게 나타내 봅니다.

㉣   ㉤   ㉥

따라서 차를 마신 시각인 **2**시 **25**분을 가리키는 시계는 ㉡이고, 집으로 돌아가야 할 시각인 **7**시 **12**분을 가리키는 시계는 ㉥입니다.

답 ㉡, ㉥

표를 만들어 해결하기

익히기   38~43쪽

1
네 자리 수

문제분석 용돈을 모두 10원짜리 동전으로 바꾸면 몇 개

4, 22 / 13

해결전략 10 / 10

풀이

❶ 4, 4000 / 22, 2200 / 13, 130 / 6330

❷ 6330, 633

답 633

2
네 자리 수

문제분석 모은 돈을 모두 100원짜리 동전으로 바꾸면 몇 개

3, 3 / 20

해결전략 1 / 2

풀이

❶
1000원짜리	3장	3	0	0	0	원
500원짜리	3개	1	5	0	0	원
10원짜리	20개		2	0	0	원
모은 돈		4	7	0	0	원

❷ 모은 돈 4700원은 100원짜리 동전 47개의 값과 같습니다.
따라서 모은 돈을 모두 100원짜리 동전으로 바꾸면 47개가 됩니다.

답 47개

3
곱셈

문제분석 주아의 점수는 모두 몇 점

3, 5 / 4, 2

풀이

❶
점수	0점	1점	2점	3점
맞힌 횟수 (번)	3	5	4	2
얻은 점수 (점)	0×3=0	1×5=5	2×4=8	3×2=6

❷ 0, 5, 8, 6, 19

답 19

4
곱셈

문제분석 선하의 점수는 모두 몇 점

4, 3 / 3, 2

풀이

❶
꺼낸 공				
꺼낸 횟수 (번)	4	3	3	2
얻은 점수 (점)	0×4=0	1×3=3	5×3=15	6×2=12

❷ (선하가 얻은 점수)
= (을 꺼내 얻은 점수)
+ (1을 꺼내 얻은 점수)
+ (5를 꺼내 얻은 점수)
+ (6을 꺼내 얻은 점수)
= 0+3+15+12=30(점)

답 30점

5
분류하기

문제분석 초록색 붙임딱지 중 삼각형 모양이 아닌 붙임딱지를 모두 찾아 기호를 쓰시오.

사각형, 오각형 / 보라색, 빨간색

해결전략 색깔

풀이

①

색깔 모양	초록색	보라색	빨간색
삼각형	㉠, ㉢, ㉧	㉣	㉦
사각형	㉤, ㉨	㉡	㉥
오각형	㉩	㉪	㉢

② ㉤, ㉨, ㉩

답 ㉤, ㉨, ㉩

---

6   분류하기

문제 분석 병에 담긴 우유와 종이팩에 담긴 주스는 모두 몇 개

풀이

①

용기 종류	병	종이팩
우유	㉠, ㉢, ㉤, ㉩	㉡, ㉧, ㉫
주스	㉣, ㉨, ㉧, ㉭	㉣, ㉦, ㉥

② 병에 담긴 우유는 ㉠, ㉢, ㉤, ㉩으로 4개이
고, 종이팩에 담긴 주스는 ㉣, ㉦, ㉥으로
3개입니다.
따라서 병에 담긴 우유와 종이팩에 담긴 주스
는 모두 $4+3=7$(개)입니다.

답 7개

적용하기   44~47쪽

1   표와 그래프

날씨	☀	☁	☂
날수 (일)	17	8	6

따라서 가장 많은 날씨의 날수는 17일, 가장 적
은 날씨의 날수는 6일이므로 차를 구하면
$17-6=11$입니다.

답 11

1000장씩	5묶음	5	0	0	0	장
100장씩	22묶음	2	2	0	0	장
50장씩	10묶음		5	0	0	장
10장씩	17묶음		1	7	0	장
학종이 수		7	8	7	0	장

따라서 미술실에 있는 학종이는 모두 **7870**장입
니다.

답 7870장

---

3   곱셈구구

바둑돌	검은돌 (3점)	흰돌 (5점)	합계
주호의 점수 (점)	$3\times6=18$	$5\times3=15$	$18+15=33$
지윤이의 점수 (점)	$3\times4=12$	$5\times5=25$	$12+25=37$

두 사람이 얻은 점수를 비교해 보면 $33<37$이
므로 지윤이가 $37-33=4$(점) 더 얻었습니다.

답 4점

---

4   분류하기

단추의 모양에 따라 분류합니다.

사각형	삼각형	원
㉠, ㉢, ㉣, ㉨, ㉩, ㉭	㉤, ㉥, ㉧	㉡, ㉦, ㉪

사각형 모양 단추를 구멍 수에 따라 분류합니다.

2개	3개
㉣, ㉩	㉠, ㉢, ㉨, ㉭

따라서 사각형 모양 단추 중 구멍이 2개만 있는
단추는 ㉣, ㉩입니다.

답 ㉣, ㉩

참고 단추의 색에 따라서 분류할 필요는 없습니다.

---

5   곱셈

• 수아네 모둠이 건 고리 수

사람 수 (명)	4	2
건 고리의 수 (개)	2	3
결과 (개)	$4\times2=8$	$2\times3=6$

➡ 건 고리 수의 합: $8+6=14$(개)

- 진우네 모둠이 건 고리 수

사람 수(명)	3	3
건 고리의 수 (개)	1	4
결과 (개)	3×1=3	3×4=12

➡ 건 고리 수의 합: 3+12=15(개)
따라서 진우네 모둠이 고리를 15-14=1(개)
더 걸었습니다.

답▶ 진우네 모둠, 1개

6
덧셈과 뺄셈

		오늘	1일 후	2일 후	3일 후	4일 후	5일 후
심은 씨앗 수(개)	현지	15	30	45	60	75	90
	지우	30	42	54	66	78	90

따라서 현지와 지우가 심은 씨앗의 수가 90개로
같아지는 때는 오늘부터 5일 후입니다.

답▶ 5일 후

7
표와 그래프

진아가 주사위를 던져 나온 눈의 수

눈의 수	1	2	3	4	5	6	합계
나온 횟수 (번)	4	6	3	2	4	1	20
눈의 수의 합	4	12	9	8	20	6	59

동원이가 주사위를 던져 나온 눈의 수

눈의 수	1	2	3	4	5	6	합계
나온 횟수 (번)	3	5	6	4	1	1	20
눈의 수의 합	3	10	18	16	5	6	58

두 사람의 눈의 수의 합을 비교해 보면 59>58
이므로 나온 눈의 수의 합이 더 큰 사람은 진아
입니다.

답▶ 진아

8
네 자리 수

재은이가 가지고 있는 돈은 1000원짜리 지폐
3장, 100원짜리 동전 11개, 10원짜리 동전 11개
입니다.

1000원짜리 지폐의 수(장)	2	2	1	1
100원짜리 동전의 수(개)	1	0	11	10
10원짜리 동전의 수(개)	0	10	0	10
금액 (원)	2100	2100	2100	2100

따라서 2100원을 낼 수 있는 방법은 모두
4가지입니다.

답▶ 4가지

도전, 창의사고력
48쪽

스케치북에 그림으로 나타낸 아이스크림을 맛별,
모양별로 분류하면 다음과 같습니다.

맛	초코	딸기	민트	포도
수 (개)	4	3	2	3

모양	콘	바	튜브
수 (개)	4	4	4

위 표를 문제에 주어진 표와 비교하면 딸기맛이
2개 적고, 콘 모양과 바 모양이 1개씩 적습니다.
따라서 스케치북에 딸기맛 콘과 딸기맛 바를 한 개
씩 더 그려야 합니다.

답▶
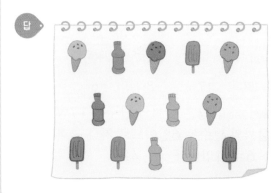

거꾸로 풀어 해결하기

전략 세움

익히기　　　　　　　　　50~57쪽

1

네 자리 수

문제분석 ◆부터 100씩 4번 뛰어 센 수
10, 7961

해결전략 십 / ~~작아집니다~~ / 백, (커집니다)

풀이

❶ 7921, 7931, 7941, 7951 / 7911
❷ 8011, 8111, 8211, 8311 / 7911, 8311

답 8311

2

네 자리 수

문제분석 ▲부터 20씩 4번 뛰어 센 수
100, 3748

해결전략 1, (작아집니다) / 2, (커집니다)

풀이

❶ ▲ — 3548 — 3648 — 3748
　　　　③　　②　　①

▲는 3748부터 100씩 거꾸로 3번 뛰어 센 수이므로 3448입니다.

❷ ▲ — 3468 — 3488 — 3508 — 3528
　　　　①　　②　　③　　④

▲는 3448이므로 3448부터 20씩 4번 뛰어 센 수는 3528입니다.

답 3528

3

곱셈구구

문제분석 바구니에 담은 호두와 땅콩은 모두 몇 개
3, 4, 6

풀이

❶ 32 / 32, 8
❷ 8 / 8, 8, 24 / 8, 8, 48 / 24, 48, 72

답 72

4

곱셈구구

문제분석 꽃병에 꽂은 장미와 백합은 모두 몇 송이
5, 7, 6 / 49

풀이

❶ 사용한 전체 꽃병의 수를 □개라 하면 꽃병 한 개에 7송이씩 꽂은 튤립의 수가 49송이이므로 7×□=49입니다. 7×7=49이므로 □=7(개)입니다.
❷ 사용한 꽃병이 모두 7개이므로
(5송이씩 꽃병 7개에 꽂은 장미의 수)
=5×7=35(송이),
(6송이씩 꽃병 7개에 꽂은 백합의 수)
=6×7=42(송이)입니다.
따라서 꽃병에 꽂은 장미와 백합은 모두
35+42=77(송이)입니다.

답 77송이

5

길이 재기

문제분석 의자 위에 섰을 때 바닥에서부터 해수의 머리끝까지의 길이는 몇 m 몇 cm
85, 2, 17 / 59

해결전략 나무

풀이

❶ 2, 17, 85 / 1, 32
❷ 1, 32 / 1, 91

답 1, 91

6

길이 재기

문제분석 민호가 처음에 가지고 있던 끈의 길이는 몇 m 몇 cm
2, 38 / 1, 55 / 3, 2

풀이

❶ (사용한 끈의 길이의 합)
=2 m 38 cm+1 m 55 cm
=3 m 93 cm

바른답•알찬풀이　**11**

❷ (처음에 가지고 있던 끈의 길이)
= (사용한 끈의 길이의 합)+(남은 끈의 길이)
= 3 m 93 cm+3 m 2 cm
= 6 m 95 cm

답 ▶ 6 m 95 cm

7
시각과 시간

문제 분석 전반전 경기가 시작된 시각은 오후 몇 시 몇 분
45 / 10 / 9, 20

풀이 ▶
❶ 8, 35
❷ 8, 35 / 8, 25
❸ 8, 25 / 7, 40

답 ▶ 7, 40

8
시각과 시간

문제 분석 3교시 수업이 끝난 시각은 오전 몇 시 몇 분
40 / 10 / 1 / 2

풀이 ▶
❶ 오후 2시가 되기 40분 전의 시각이므로 오후 1시 20분입니다.
❷ 오후 1시 20분이 되기 1시간 전의 시각이므로 오후 12시 20분입니다.
❸ 4교시 수업이 시작된 시각은 오후 12시 20분이 되기 40분 전의 시각이므로 오전 11시 40분입니다.
3교시 수업이 끝난 시각은 오전 11시 40분이 되기 10분 전의 시각이므로 오전 11시 30분입니다.

답 ▶ 오전 11시 30분

적용하기
58~61쪽

1
덧셈과 뺄셈

거꾸로 계산하면 53−27=26
➡ 26+15=41입니다.
따라서 빈칸에 알맞은 수는 41입니다.

답 ▶ 41

2
길이 재기

(주어진 두 변의 길이의 합)
= 4 m 26 cm+5 m 35 cm
= 9 m 61 cm
(빨간색 변의 길이)
= (세 변의 길이의 합)
− (주어진 두 변의 길이의 합)
= 15 m 68 cm−9 m 61 cm
= 6 m 7 cm

답 ▶ 6 m 7 cm

3
네 자리 수

4937부터 100씩 거꾸로 5번 뛰어 세면
4937 − 4837 − 4737 − 4637 − 4537
− 4437 이므로 ★은 4437입니다.
4437부터 1000씩 2번 뛰어 세면
4437 − 5437 − 6437 이고,
이어서 1씩 3번 뛰어 세면
6437 − 6438 − 6439 − 6440 입니다.

답 ▶ 6440

참고 100씩 거꾸로 뛰어 세면 백의 자리 숫자가 1씩 작아집니다.
1000씩 뛰어 세면 천의 자리 숫자가 1씩 커집니다.

4
덧셈과 뺄셈

61을 더했더니 90이 되었으므로 거꾸로 계산하면 61을 더하기 전의 값은 90−61=29입니다.
어떤 수에서 23을 빼서 29가 되었으므로 거꾸로 생각하면 어떤 수는 29+23=52입니다.
어떤 수는 52이므로 바르게 계산하면
52−32+16=36입니다.

답 ▶ 36

5
시각과 시간

(부산과 제주도에서 산 기간)
= 28+19=47(개월)
➡ 47개월=12개월+12개월+12개월+11개월
= 3년 11개월

2022년 6월 15일에서 3년 전은 2019년 6월 15일이고, 2019년 6월 15일에서 11개월 전은 2018년 7월 15일입니다.
따라서 서울에서 부산으로 이사를 간 때는 2018년 7월입니다.

답 2018년 7월

6

630은 100이 6개, 10이 3개인 수입니다.
630에서 100이 5개인 수를 빼면 100이 1개, 10이 3개인 수인 130이 되므로 봉지에 담은 귤의 수는 130개입니다.
100은 10이 10개인 수이므로 130은 10이 13개인 수입니다.
따라서 귤을 10개씩 담은 봉지는 13개입니다.

답 13개

7

(유럽에 있는 나라 수)
=(오세아니아에 있는 나라 수)+31
=14+31=45(개국)
(유럽에 있는 나라 수)
=(아프리카에 있는 나라 수)−9=45이므로
➡ (아프리카에 있는 나라 수)
　=45+9=54(개국)입니다.

답 54개국

8

(판 색연필의 수)=8×5=40(자루)
(처음 문구점에 있던 색연필의 수)
=(판 색연필의 수)+(팔고 남은 색연필의 수)
=40+12=52(자루)
처음 문구점에 있던 사인펜의 수는 처음 문구점에 있던 색연필의 수와 같으므로 52자루입니다.
(판 사인펜의 수)
=(처음 문구점에 있던 사인펜의 수)
　−(팔고 남은 사인펜의 수)
=52−7=45(자루)
사인펜을 9자루씩 묶어서 모두 45자루 팔았습니다. 9×5=45이므로 판 사인펜은 5묶음입니다.

답 5묶음

9

미술관에 들어간 시각은 5시 10분이 되기 1시간 50분 전인 3시 20분입니다.
도서관에서 나온 시각은 3시 20분이 되기 35분 전인 2시 45분입니다.
윤아가 호준이를 만난 시각은 2시 45분이 되기 1시간 15분 전인 1시 30분입니다.
따라서 윤아와 호준이가 만나기로 약속했던 시각은 1시 30분이 되기 15분 전인 1시 15분입니다.

답 1시 15분

10

8590−8490−8390−8290에서 백의 자리 숫자가 1씩 작아지고 있으므로 100씩 거꾸로 뛰어 세는 규칙입니다.
8290부터 이어서 100씩 거꾸로 뛰어 세어 보면
8290−8190−8090−7990−……입니다.
이때 8090과 7990 중에서 8000에 더 가까운 수는 7990이므로
뛰어 센 수 중 8000에 가장 가까운 수는 7990입니다.

답 7990

도전, 창의사고력   62쪽

오늘 낮 12시부터 거꾸로 생각하여 어제 밤 12시, 어제 낮 12시, 그저께 밤 12시에 있었던 높이를 차례로 구해 봅니다.

그저께 밤 12시 2 m 90 cm	+1 m 20 cm → ← −1 m 20 cm	어제 낮 12시 4 m 10 cm

−30 cm → ← +30 cm ｜ 어제 밤 12시 3 m 80 cm

+1 m 20 cm → ← −1 m 20 cm ｜ 오늘 낮 12시 5 m

따라서 나무늘보는 그저께 밤 12시에 2 m 90 cm 높이에 있었습니다.

답 2 m 90 cm

규칙을 찾아 해결하기

익히기 64~71쪽

1 규칙 찾기

 19번째에 놓이는 도형의 꼭짓점은 몇 개
△ / ◯, ⬠

 풀이

❶ △, ⬡

❷ | / (첫 번째) / ⬠

❸ (오각형) / 5

답 5

2 규칙 찾기

 30번째 원은 무슨 색
파란색 / 초록색

풀이

❶ (초록색), (노란색), (빨간색), (파란색) /
(초록색), (노란색), (빨간색), (파란색) /
(초록색), ……이므로
4가지 색 (초록색), (노란색), (빨간색), (파란색)이
반복됩니다.

❷ 4가지 색이 반복되고,
4＋4＋4＋4＋4＋4＋4＋2＝30이므로
30번째 원은 두 번째 원의 색과 같은 노란색
으로 칠해야 합니다.

답 노란색

3 규칙 찾기

 ㉮에 알맞은 수
306 / 342

풀이

❶ 306, 2
❷ 342, 20

3

302	304	306	308	310
322	324	326	328	330
342	344	346	348	350
362	364	366	368	370

답 370

4 규칙 찾기

문제분석 ㉮에 알맞은 수
5990 / 5090

풀이

❶ 6090, 6040, 5990이므로 왼쪽으로 갈수
록 50씩 작아집니다.
❷ 6090, 5590, 5090이므로 위쪽으로 올라
갈수록 500씩 작아집니다.
❸ 규칙에 따라 수 배열표의 빈칸을 채워 봅니다.

3890	3940	3990	4040	4090
4390	4440	4490	4540	4590
4890	4940	4990	5040	5090
5390	5440	5490	5540	5590
5890	5940	5990	6040	6090

답 3890

5 시각과 시간

 같은 해 개천절은 무슨 요일
10, 3

 7, 7 / 31, 30

 풀이

❶ 목, 22, 29 / 목, 토
❷ 일, 22, 29 / 일, 월
❸ 화, 목

답 목요일

6

문제분석 같은 해 5월 1일부터 현충일까지 토요일은 모두 몇 번

6, 6

해결전략 30, 31

풀이

❶ 4월 30일은 목요일이므로 5월 1일은 금요일이고, 5월 2일은 5월의 첫째 토요일입니다.
같은 요일은 7일마다 반복되므로 5월의 토요일을 찾아보면 5월 2일, 2+7=9(일), 9+7=16(일), 16+7=23(일), 23+7=30(일)로 모두 5번 있습니다.

❷ 5월은 31일까지 있고, 31일이 일요일이므로 6월 1일은 월요일입니다.
6월 2일은 화요일, 3일은 수요일, 4일은 목요일, 5일은 금요일이므로 현충일인 6월 6일은 토요일입니다.
5월 1일부터 현충일까지 토요일은 5월에 5번, 6월에 1번 있으므로 모두 5+1=6(번) 있습니다.

답 6번

7

문제분석 여섯 번째 도형에서 빨간색 선의 길이는 몇 cm

(같습니다)

풀이

❶ 9, 12, 15, 18 / +3, +3, +3 / 3
❷ 18

답 18

8

문제분석 일곱 번째 도형에서 파란색 선의 길이는 몇 cm

2 / (같습니다)

풀이

❶

순서 (번째)	1	2	3	4	5	6	7
파란색 선의 길이 (cm)	8	16	24	32	40	48	56

+8 +8 +8 +8 +8 +8

➡ 파란색 선의 길이가 8 cm씩 늘어나는 규칙입니다.

❷ 일곱 번째 도형에서 파란색 선의 길이는 56 cm입니다.

답 56 cm

적용하기

1

⬡○△○ / ⬡○△○ / ⬡ ……
이므로 4가지 도형 ⬡, ○, △, ○이 반복되는 규칙입니다.
㉠에 알맞은 도형은 ⬡ 다음이므로 ○이고,
㉡에 알맞은 도형은 △, ○ 다음이므로 ⬡입니다.
원은 변이 없고, 육각형은 변이 6개이므로 ㉠과 ㉡에 각각 알맞은 도형의 변의 수의 합은 0+6=6(개)입니다.

답 6개

2

0과 0 사이에 1, 2, 3, 4 ……가 순서대로 하나씩 놓이는 규칙입니다.
➡ 0, 1, 0, 2, 0, 3, 0, 4, 0, 5, 0, 6, ……
따라서 □ 안에 알맞은 수는 차례로 0, 0, 5, 6이므로 모두 더하면 0+0+5+6=11입니다.

답 11

모형시계가 나타내는 시각을 읽어 보면
2시 50분 ➡ 3시 35분 ➡ 4시 20분 ➡ 5시 5분
이므로 바로 앞 시계의 시각보다 45분 후의 시
각을 가리키는 규칙입니다.
따라서 5번째 모형시계는 5시 5분에서 45분
후인 5시 50분을 가리키고 6번째 모형시계는
5시 50분에서 45분 후인 6시 35분을 가리킵
니다.

답 6시 35분

첫 번째 원은 2조각, 두 번째 원은 4조각, 세 번
째 원은 8조각으로 나누어지므로 조각 수는 바
로 앞의 조각 수의 2배가 되는 규칙입니다.
➡ 네 번째 원의 조각 수: 8+8=16(조각)
　다섯 번째 원의 조각 수: 16+16=32(조각)
　여섯 번째 원의 조각 수: 32+32=64(조각)

답 64조각

$6 \times 7=42$, $6 \times 9=54$이므
로 주어진 부분은 다음과 같습
니다.
따라서 ㉠=$4 \times 6=24$,
㉡=$7 \times 9=63$입니다.

×	6	7	8	9
4	㉠			
5			40	
6		42		54
7				㉡

답 ㉠=24, ㉡=63

• 첫 번째: $2 \times 3=6$ ➡ $7-6=1$
• 두 번째: $4 \times 4=16$ ➡ $18-16=2$
• 세 번째: $3 \times 4=12$ ➡ $15-12=3$
㉠에서 ㉡과 ㉢의 곱을 빼면 ㉣이 되는 규칙이
있습니다.
➡ $3 \times 7=21$, $30-21=9$이므로 가에 알맞
은 수는 9입니다.

답 9

○△□ / ○△△□ / ○△△△□ / ○……
이므로 3가지 모양 ○△□이 반복되면서 △ 모
양의 개수가 1개씩 늘어나는 규칙입니다.
27개까지 펜 보석의 모양을 그려 보면 ○△□
/ ○△△□ / ○△△△□ / ○△△△△□
/ ○△△△△△□ / ○△이므로 펜 보석 중
삼각형 모양 보석은 모두
$1+2+3+4+5+1=16$(개)입니다.

답 16개

쌓기나무의 수를 세어 보면 첫 번째 모양은 1개,
두 번째 모양은 $1+3=4$(개),
세 번째 모양은 $1+3+5=9$(개),
네 번째 모양은 $1+3+5+7=16$(개)입니다.
즉 순서가 한 번씩 늘어날 때마다 더 놓은 쌓기
나무가 3개, 5개, 7개, …… 늘어나는 규칙입
니다.
따라서 10번째 모양에 놓아야 하는 쌓기나무는
$1+3+5+7+9+11+13+15+17+19$
$=100$(개)입니다.

답 100개

참고 쌓기나무의 모양이 한 층씩 늘어나므로 쌓
기나무의 수를 셀 때 층별로 세어 덧셈식으로 나
타내는 것이 편리합니다.

　　가　　나　　다
　4번　12번　20번
　　　+8　　+8

➡ 가, 나, 다, ……를 쓴 횟수가 8번씩 늘어나
　는 규칙입니다.
가, 나, 다, 라, 마, 바, 사, ……의 순서이므로
사는 가를 쓴 횟수보다 8번씩 6번을 더 쓰게 됩
니다.
따라서 사는
$4+8+8+8+8+8+8=52$(번) 써야 합니다.

답 52번

각 열에 의자가 15개씩 있으므로 가, 나, 다,
……열 순서로 자리의 번호가 15씩 커집니다.

지애: 가열 12번째 자리 번호는 12번이므로
　　　마열 12번째 자리 번호는
　　　12+15+15+15+15=72(번)입니다.

수진: 가열 9번째 자리 번호는 9번이므로
　　　다열 9번째 자리 번호는
　　　9+15+15=39(번)입니다.

자리 번호가 20씩 늘어날 때마다 입장 시작 시
각이 10분씩 늦어집니다.

따라서 자리 번호가 72번인 지애의 입장 시작
시각은 1시 30분이고, 자리 번호가 39번인 수
진이의 입장 시작 시각은 1시 10분입니다.

답 지애: 1시 30분, 수진: 1시 10분

□□□□□의 빈칸에 번호를 넣으면
①②③④⑤로 나타낼 수 있습니다.

①에서 ●가 출발하여 오른쪽으로 한 칸씩 이동하
고, ●가 오른쪽 끝까지 이동한 상태에서 ①부터
다시 ●가 출발하여 오른쪽으로 한 칸씩 이동하는
규칙입니다.

답

5칸

예상과 확인으로 해결하기

전략 세움

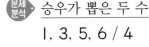
익히기　　　78~81쪽

1　　　　　　　　　　곱셈구구

문제분석 승우가 뽑은 두 수
1, 3, 5, 6 / 4

해결전략 4

풀이
❶ 6, 11 / 3, 3 / 11, 3, 8
❷ 6, 9 / 5, 5 / 9, 5, 4 / 3, 6

답 3, 6

2　　　　　　　　　　곱셈구구

문제분석 하진이가 뽑은 두 수의 차
2, 7, 0, 1 / 3

해결전략 3

풀이
❶ (뽑은 두 수의 곱)=0×2=0
　 (나머지 두 수의 합)=7+1=8
　 (나머지 두 수의 합)−(뽑은 두 수의 곱)
　 =8−0=8 (×)
❷ (뽑은 두 수의 곱)=0×7=0
　 (나머지 두 수의 합)=2+1=3
　 (나머지 두 수의 합)−(뽑은 두 수의 곱)
　 =3−0=3 (○)
　 따라서 하진이가 뽑은 두 수는 0, 7입니다.
❸ 하진이가 뽑은 두 수는 0, 7이므로 두 수의
　 차는 7−0=7입니다.

답 7

3

 긴 도막의 길이는 몇 cm
40 / 8

 40 / 8

❶ (위에서부터) 17, 16, 15 / 4, 6, 8, 10
❷ 24, 16 / 24

답 24

4

 캔 감자와 고구마는 각각 몇 개
82 / 26

 82 / 26

❶ 예
캔 감자 수 (개)	50	51	52	53	54
캔 고구마 수 (개)	32	31	30	29	28
캔 감자와 고구마 수의 차 (개)	18	20	22	24	26

❷ 캔 감자와 고구마 수의 차가 26개인 경우는 감자가 54개, 고구마가 28개일 때입니다.

답 감자: 54개, 고구마: 28개

적용하기
82~85쪽

1 곱셈구구

곱셈구구 중 곱이 18이 되는 경우를 찾아 두 수를 예상해 봅니다.
2×9=18, 3×6=18, 6×3=18, 9×2=18
[예상1] 어떤 두 수가 2와 9일 때 두 수의 차는 9-2=7입니다. ➡ 차가 3이 아닙니다.
[예상2] 어떤 두 수가 3과 6일 때 두 수의 차는 6-3=3입니다. ➡ 차가 3입니다.
따라서 어떤 두 수는 3과 6이므로 이 두 수의 합은 3+6=9입니다.

답 9

2

[예상1] 세잎클로버가 5개, 네잎클로버가 5개일 때 세잎클로버 5개의 잎의 수는 3×5=15(장), 네잎클로버 5개의 잎의 수는 4×5=20(장)이므로 잎의 수는 모두 15+20=35(장)입니다. (×)
[예상2] 세잎클로버가 6개, 네잎클로버가 4개일 때 세잎클로버 6개의 잎의 수는 3×6=18(장), 네잎클로버 4개의 잎의 수는 4×4=16(장)이므로 잎의 수는 모두 18+16=34(장)입니다. (×)
[예상3] 세잎클로버가 7개, 네잎클로버가 3개일 때 세잎클로버 7개의 잎의 수는 3×7=21(장), 네잎클로버 3개의 잎의 수는 4×3=12(장)이므로 잎의 수는 모두 21+12=33(장)입니다. (○)
따라서 다연이가 딴 네잎클로버는 3개입니다.

답 3개

참고 세잎클로버가 5개, 네잎클로버가 5개일 때 잎의 수의 합이 35장으로 33장보다 많으므로 잎의 수가 더 많은 네잎클로버의 개수를 줄여서 다시 예상해 봅니다.

3

십의 자리 숫자가 3인 두 자리 수를 3■라 하여 37+3■를 계산한 값이 73보다 큰 경우를 찾아봅니다.
[예상1] ■=9일 때 37+39=76
➡ 76>73 (○)
[예상2] ■=8일 때 37+38=75
➡ 75>73 (○)
[예상3] ■=7일 때 37+37=74
➡ 74>73 (○)
[예상4] ■=6일 때 37+36=73
➡ 73=73 (×)
[예상5] ■=5일 때 37+35=72
➡ 72<73 (×)
따라서 빈칸에 들어갈 수 있는 수를 모두 구하면 37, 38, 39입니다.

답 37, 38, 39

37＋36＝73이므로 37＋□＞73에서 □는 36보다 크다고 예상할 수 있습니다.
따라서 십의 자리 숫자가 3인 두 자리 수 중에서 36보다 큰 수를 모두 구하면 37, 38, 39입니다.

4 덧셈과 뺄셈

[예상1] 가희의 수학 점수가 80점일 때 수빈이의 수학 점수는 80－15＝65(점)이므로 두 사람의 점수의 합은
80＋65＝145(점)입니다. (×)
[예상2] 가희의 수학 점수가 85점일 때 수빈이의 수학 점수는 85－15＝70(점)이므로 두 사람의 점수의 합은
85＋70＝155(점)입니다. (×)
[예상3] 가희의 수학 점수가 90점일 때 수빈이의 수학 점수는 90－15＝75(점)이므로 두 사람의 점수의 합은
90＋75＝165(점)입니다. (○)
따라서 수빈이의 수학 점수는 75점입니다.

답 75점

5 곱셈구구

[예상1] 귤의 수가 4개일 때 귤의 수의 5배는
4×5＝20(개)이고, 귤의 수의 6배는
4×6＝24(개)입니다. (×)
[예상2] 귤의 수가 5개일 때 귤의 수의 5배는
5×5＝25(개)이고, 귤의 수의 6배는
5×6＝30(개)입니다. (○)
[예상3] 귤의 수가 6개일 때 귤의 수의 5배는
6×5＝30(개)이고, 귤의 수의 6배는
6×6＝36(개)입니다. (×)
따라서 정수가 가지고 있는 귤은 5개입니다.

답 5개

6 곱셈

[예상1] 각 도형을 3개씩 그렸을 때
(삼각형 3개의 변의 수의 합)
＝3×3＝9(개)
(사각형 3개의 변의 수의 합)
＝4×3＝12(개)
(육각형 3개의 변의 수의 합)
＝6×3＝18(개)
➡ (도형의 변의 수의 합)
＝9＋12＋18＝39(개) (×)
[예상2] 각 도형을 4개씩 그렸을 때
(삼각형 4개의 변의 수의 합)
＝3×4＝12(개)
(사각형 4개의 변의 수의 합)
＝4×4＝16(개)
(육각형 4개의 변의 수의 합)
＝6×4＝24(개)
➡ (도형의 변의 수의 합)
＝12＋16＋24＝52(개) (○)
따라서 삼각형, 사각형, 육각형을 4개씩 그렸으므로 그린 도형은 모두 4×3＝12(개)입니다.

답 12개

참고 삼각형의 변의 수는 3개, 사각형의 변의 수는 4개, 육각형의 변의 수는 6개입니다.

7 덧셈과 뺄셈

주어진 두 자리 수를 각각 어림하여 몇십으로 나타내 보면
21 ➡ 20, 49 ➡ 50, 33 ➡ 30, 57 ➡ 60입니다.
어림하여 합이 70이나 80이 되는 두 수를 예상해 보면 20＋50＝70, 20＋60＝80,
50＋30＝80이므로
(21, 49), (21, 57), (49, 33)입니다.
[예상1] 21＋49＝70
[예상2] 21＋57＝78
[예상3] 49＋33＝82
70, 78, 82 중 75에 가장 가까운 수는 78이므로 합이 75에 가장 가까운 두 수의 합은 78입니다.

답 78

곱셈구구 중 곱이 12가 되는 경우를 찾아 두 수
를 예상해 봅니다.
$2×6=12$, $3×4=12$, $4×3=12$,
$6×2=12$

[예상1] ★=2, ■=6일 때 $90-32-69$는
계산할 수 없습니다. (×)

[예상2] ★=3, ■=4일 때
$90-33-49=8$입니다. (×)

[예상3] ★=4, ■=3일 때
$90-34-39=17$입니다. (×)

[예상4] ★=6, ■=2일 때
$90-36-29=25$입니다. (○)

따라서 ★=6, ■=2입니다.

답 ★=6, ■=2

9

첫째 월요일의 날짜를 예상하여 둘째 화요일의
날짜를 구하고 날짜의 합이 20인지 확인해 봅니
다.

[예상1] 첫째 월요일이 1일일 때 둘째 화요일은
$1+8=9$(일)이므로 두 날짜를 더하면
$1+9=10$입니다. (×)

[예상2] 첫째 월요일이 5일일 때 둘째 화요일은
$5+8=13$(일)이므로 두 날짜를 더하면
$5+13=18$입니다. (×)

[예상3] 첫째 월요일이 6일일 때 둘째 화요일은
$6+8=14$(일)이므로 두 날짜를 더하면
$6+14=20$입니다. (○)

따라서 이달의 첫째 월요일이 6일이므로 이달의
1일은 수요일입니다.

답 수요일

[예상1] 500원짜리 동전 2개, 100원짜리 동전
2개, 50원짜리 동전 1개를 냈을 때 금
액의 합은
$1000+200+50=1250$(원)입니다.
(×)

[예상2] 500원짜리 동전 2개, 100원짜리 동전
1개, 50원짜리 동전 2개를 냈을 때 금
액의 합은

$1000+100+100=1200$(원)입니다.
(○)

[예상3] 500원짜리 동전 1개, 100원짜리 동전
3개, 50원짜리 동전 1개를 냈을 때 금
액의 합은
$500+300+50=850$(원)입니다.
(×)

900원보다 많고 1250원보다 적은 금액은
1200원이므로 공책 값은 1200원입니다.

답 1200원

도전, 창의사고력

부자는 먼저 1번, 2번, 3번과 4번, 5번, 6번 구슬
의 무게를 비교하였습니다.
저울이 4번, 5번, 6번 구슬이 있는 쪽으로 기울었
으므로 4번, 5번, 6번 구슬 중 하나가 가짜 금 구
슬입니다.
4번, 5번, 6번 3개의 구슬 중 2개를 골라 저울의
양쪽에 각각 올렸을 때 저울이 한쪽으로 기울면 기
울어진 쪽에 있는 구슬이 가짜 금 구슬이고, 저울
이 기울지 않으면 올리지 않은 나머지 구슬이 가짜
금 구슬입니다.

답 예 기울어진 쪽에 있는 구슬이 가짜
금 구슬입니다.
예 올리지 않은 나머지 구슬이 가짜
금 구슬입니다.

조건 을 따져 해결하기

1

세 자리 수

문제분석 조건에 알맞은 세 자리 수

40, 8 / 839

풀이

① 4 / 8 / 4, 8

② 5, 6, 7 / 548, 648, 748

답 548, 648, 748

2

곱셈구구

문제분석 조건에 알맞은 수

9 / 5, 7, 6, 8

해결전략 9

풀이

① 9단 곱셈구구의 곱은 9, 18, 27, 36, 45, 54, 63, 72, 81입니다.

② $5 \times 7 = 35$이고, $6 \times 8 = 48$이므로 9단 곱셈구구의 곱 중 35보다 크고 48보다 작은 수를 구합니다.

따라서 조건에 알맞은 수는 36, 45입니다.

답 36, 45

3

길이 재기

문제분석 이 의자의 높이를 동생의 뼘으로 재면 몇 번

15, 12 / 4

풀이

① 4 / 15, 15, 15, 15 / 60

② 60, 12 / 12, 12, 12 / 5

답 5

4

길이 재기

문제분석 포크의 길이는 몇 cm

10 / 4 / 5

풀이

① 도마의 긴 쪽 길이를 숟가락으로 재면 4번이므로 도마의 긴 쪽 길이는

$10 + 10 + 10 + 10 = 40$ (cm)입니다.

② 포크의 길이를 □cm라고 하면

(도마의 긴 쪽 길이)

$= \square + \square + \square + \square + \square = 40$이고

       5번

$8 + 8 + 8 + 8 + 8 = 40$이므로 □$= 8$ (cm)입니다.

답 8 cm

5

네 자리 수

문제분석 가위는 최대 몇 개까지 살 수 있습니까?

350 / 500, 5800

해결전략 5800 / 500 / 5, ⟨커집니다⟩

풀이

① 3500

② 3500 / 4000, 4500, 5000, 5500 / 4 / 4

답 4

6

네 자리 수

문제분석 자두는 최대 몇 개까지 살 수 있습니까?

300 / 610 / 8000

해결전략 8000 / 300 / 3, ⟨커집니다⟩

풀이

① 610원짜리 복숭아 10개의 값은 6100원입니다.

② 6100부터 300씩 뛰어 세어 봅니다.

$\boxed{6100}-\boxed{6400}-\boxed{6700}-\boxed{7000}$
$-\boxed{7300}-\boxed{7600}-\boxed{7900}-\boxed{8200}$

➡ 8000을 넘지 않을 때까지 6번 뛰어 세었으므로 자두는 최대 6개까지 살 수 있습니다.

답 6개

적용하기

1

주어진 곱셈표를 완성합니다.

×	3	4	5	6
3	9	12	15	18
4	12	16	20	24
5	15	20	25	30
6	18	24	30	36

- (분홍색 칸에 쓰이는 수들의 합)
  $=24+30+24+30=108$
- (초록색 칸에 쓰이는 수들의 합)
  $=12+16+12=40$
➡ $108-40=68$

답 68

2

백의 자리 수가 7인 경우와 2인 경우에 만들 수 있는 세 자리 수를 모두 만들어 봅니다.

백의 자리	십의 자리	일의 자리
7	0	2
7	2	0
2	7	0
2	0	7

따라서 만들 수 있는 세 자리 수는 702, 720, 270, 207로 모두 4개입니다.

답 4개

주의 백의 자리에 0을 놓으면 세 자리 수를 만들 수 없습니다.

3

자른 밧줄의 길이와 3 m 30 cm의 차를 각각 구하여 길이를 비교해 봅니다.
은호: 3 m 51 cm－3 m 30 cm＝21 cm
해림: 3 m 30 cm－2 m 80 cm
　　　＝2 m 130 cm－2 m 80 cm
　　　＝50 cm
다솔: 3 m 30 cm－3 m＝30 cm
규성: 3 m 30 cm－3 m 13 cm＝17 cm
➡ 17 cm＜21 cm＜30 cm＜50 cm이므로 자른 밧줄의 길이가 3 m 30 cm에 가까운 사람부터 차례로 이름을 쓰면 규성, 은호, 다솔, 해림입니다.

답 규성, 은호, 다솔, 해림

4

2000보다 크고 4000보다 작은 네 자리 수 중 가장 큰 수를 만들려면 천의 자리에는 3을 놓아야 합니다.
➡ 3□□□
나머지 수 5, 2, 4의 크기를 비교해 보면
5＞4＞2이므로 큰 수부터 백, 십, 일의 자리에 차례로 놓습니다. ➡ 3542

답 3542

참고 큰 수부터 높은 자리에 차례로 놓으면 가장 큰 세 자리 수가 됩니다.

5

수직선에서 800과 900 사이가 눈금 두 칸으로 나누어져 있으므로 눈금 한 칸의 크기는 100의 절반인 50입니다.
㉠은 900보다 눈금 3칸만큼 더 큰 수이므로 900부터 50씩 3번 뛰어 센 수입니다.
$\boxed{900}-\boxed{950}-\boxed{1000}-\boxed{1050}$
따라서 ㉠이 나타내는 수는 1050입니다.

답 1050

22 문제 해결의 길잡이 심화 2

6 길이 재기

우산의 길이는 가위로 **4**번 잰 길이와 같습니다.
우산으로 교실 긴 쪽의 길이를 재면 **9**번이므로
가위로 교실 긴 쪽의 길이를 재면
$4 \times 9 = 36$(번)입니다.

답 **36번**

7 표와 그래프

그래프를 보면 소예가 건 고리의 수는 **7**개이므
로 하은이가 건 고리의 수는
$23 - 7 - 4 - 6 = 6$(개)입니다.
따라서 건 고리의 수가 **5**개보다 많은 사람은
소예, 하은, 유미로 모두 **3**명입니다.

답 **3명**

8 규칙 찾기

9월은 **30**일까지 있으므로 새연이의 생일은
9월 **30**일 토요일입니다.
현우는 새연이보다 **2**주일(=**14**일) 먼저 태어났
으므로 현우의 생일은 **9**월 **30**일이 되기 **14**일
전인 **9**월 **16**일입니다.
준호의 생일은 현우의 생일보다 **29**일 늦으므로
9월 **16**일로부터 **29**일 후인 **10**월 **15**일입니다.
또한 같은 요일은 **7**일마다 반복되므로 토요일인
날짜는 **9**월 **30**일, **10**월 **7**일, **10**월 **14**일입니다.
따라서 준호의 생일인 **10**월 **15**일은 일요일입니다.

답 **10월 15일 일요일**

참고 **9**월 **16**일로부터 **14**일 후는 **9**월 **30**일이므
로 **9**월 **16**일로부터 **29**일 후는 **9**월 **30**일로부
터 $29 - 14 = 15$(일) 후입니다.

9 표와 그래프

(화요일, 수요일, 금요일에 푼 문제 수의 합)
$= 26 - 6 - 5 = 15$(개)
화요일에 푼 문제 수를 □개라 하면 금요일에 푼
문제 수는 □개, 수요일에 푼 문제 수는
(□+□+□)개로 나타낼 수 있습니다.

(화요일에 푼 문제 수)+(금요일에 푼 문제 수)
+(수요일에 푼 문제 수)
=□+□+□+□+□=**15**,
□×**5**=**15**이고 **3**×**5**=**15**이므로 □=**3**(개)
입니다.
화요일에 푼 문제는 **3**개이므로
수요일에 푼 문제는 $3 \times 3 = 9$(개)입니다.

답 **9개**

10 길이 재기

가장 짧은 도막의 길이를 □ cm라 하면 중간 길
이 도막의 길이는 (□+**8**) cm,
가장 긴 도막의 길이는
□+**8**+**6**=(□+**14**) cm로 나타낼 수 있습니다.
(세 도막의 길이의 합)
=□+(□+**8**)+(□+**14**)
=**3** m **40** cm=**340** cm
□+□+□+**22**=**340**, □+□+□=**318**이
고 **106**+**106**+**106**=**318**이므로
□=**106** (cm)입니다.
따라서 가장 짧은 도막의 길이는
106 cm=**1** m **6** cm입니다.

답 **1 m 6 cm**

도전, **창의사고력** 98쪽

2885부터 **3021**까지 수 중 **0**이 있는 수를 찾아
봅니다.
천의 자리 수가 **2**이고, 백의 자리 수가 **8**인 경우:
2890 ➡ **1**개
천의 자리 수가 **2**이고, 백의 자리 수가 **9**인 경우:
2900, **2901**, **2902**, **2903**, **2904**, **2905**,
2906, **2907**, **2908**, **2909**, **2910**, **2920**,
2930, **2940**, **2950**, **2960**, **2970**, **2980**,
2990 ➡ **19**개
천의 자리 수가 **3**인 경우: **3000**부터 **3021**까지
➡ **22**개
따라서 번호판에 **0**이 있는 자동차는 모두
1+**19**+**22**=**42**(대)입니다.

답 **42대**

전략 이룸 **50**제

1~10				100~103쪽

1 12번　　　**2** 12명　　　**3** 5598
4 ㉠: 노란색, ㉡: 노란색, ㉢: 초록색
5 2켤레　　**6** 3시 40분　**7** 9
8 504, 513, 522, 531, 540
9 29, 61, 24　　　　　　**10** 13개

1 식을 만들어 해결하기

두 걸음의 길이가 1 m이므로 6 m를 어림하려면 같은 걸음으로 두 걸음씩 6번
➡ 2×6=12(번) 재어야 합니다.

다른 전략 표를 만들어 해결하기

걸음 (번)	2	4	6	8	10	12
길이 (m)	1	2	3	4	5	6

따라서 6 m의 길이를 재려면 재희의 걸음으로 12번 재어야 합니다.

2 그림을 그려 해결하기

삶은 달걀이 3개씩 8봉지 있으므로 모두 3×8=24(개)입니다.
삶은 달걀 24개를 그림을 그려 2개씩 묶어 보면 12묶음입니다.

따라서 모두 12명이 먹을 수 있습니다.

3 표를 만들어 해결하기

주어진 네 자리 수를 자릿값에 따라 표로 나타내 알아보면 5698입니다.

1000이 4개	4	0	0	0
100이 16개	1	6	0	0
10이 7개			7	0
1이 28개			2	8
	5	6	9	8

따라서 5698보다 100만큼 더 작은 수는 5598입니다.

4 규칙을 찾아 해결하기

노란색 구슬 2개, 초록색 구슬 2개가 반복되는 규칙입니다.
따라서 ㉠과 ㉡에는 노란색 구슬을, ㉢에는 초록색 구슬을 꿰어야 합니다.

5 표를 만들어 해결하기

신발을 신발끈에 따라 분류합니다.

신발끈이 없는 것	㉠, ㉡, ㉣, ㉥, ㉧, ㉩
신발끈이 있는 것	㉢, ㉤, ㉦, ㉨

신발끈이 있는 신발을 색깔에 따라 분류합니다.

파란색	㉢, ㉦
노란색	㉨
보라색	㉤

따라서 신발끈이 있는 파란색 신발은 ㉢, ㉦으로 모두 2켤레입니다.

6 거꾸로 풀어 해결하기

시계의 짧은바늘은 5와 6 사이를 가리키고, 긴바늘은 4를 가리키므로 야구 경기를 마친 시각은 5시 20분입니다.
야구 경기를 1시간 40분 동안 했으므로 야구 경기를 시작한 시각은 5시 20분이 되기 1시간 40분 전인 3시 40분입니다.

7 거꾸로 풀어 해결하기

8과 4의 곱은 8×4=32이고
어떤 수와 3의 곱은 32보다 5 작은 수이므로 32−5=27입니다.
어떤 수를 □라 하면 □×3=27이고
9×3=27이므로 □=9입니다.

8 조건을 따져 해결하기

500보다 크고 600보다 작은 세 자리 수의 백의 자리 숫자는 5입니다.
각 자리 숫자의 합이 9이고 백의 자리 숫자가 5이므로 십의 자리 숫자와 일의 자리 숫자의 합은 9−5=4입니다.
합이 4가 되는 경우는 0+4=4, 1+3=4, 2+2=4이므로
(십의 자리 숫자, 일의 자리 숫자)로 나타내면
(0, 4), (1, 3), (2, 2), (3, 1), (4, 0)입니다.
따라서 조건을 만족하는 수를 모두 구하면
504, 513, 522, 531, 540입니다.

9 거꾸로 풀어 해결하기

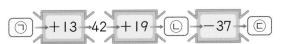

㉠에 13을 더해서 42가 되었으므로 42에서 13을 빼면 ㉠이 됩니다.
㉠=42−13=29
㉡=42+19=61
㉢=㉡−37=61−37=24

10 그림을 그려 해결하기

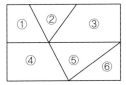

• 작은 도형 1개로 이루어진 사각형:
  ①, ③, ④ ➡ 3개
• 작은 도형 2개로 이루어진 사각형:
  ①+②, ②+③, ④+⑤, ⑤+⑥, ①+④
  ➡ 5개
• 작은 도형 3개로 이루어진 사각형:
  ①+②+③, ④+⑤+⑥, ②+③+⑤
  ➡ 3개
• 작은 도형 4개로 이루어진 사각형:
  ②+③+⑤+⑥ ➡ 1개

• 작은 도형 6개로 이루어진 사각형:
  ①+②+③+④+⑤+⑥ ➡ 1개
따라서 도형에서 찾을 수 있는 크고 작은 사각형은 모두 3+5+3+1+1=13(개)입니다.

참고 사각형은 4개의 변으로 둘러싸인 도형입니다.

주의 주어진 도형에서 작은 도형 5개로 이루어진 사각형은 없습니다.

11~20 104~107쪽

11 6984   **12**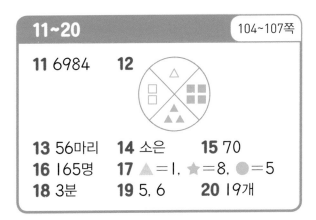

13 56마리   **14** 소은   **15** 70
16 165명   **17** ▲=1, ★=8, ●=5
18 3분   **19** 5, 6   **20** 19개

11 거꾸로 풀어 해결하기

▲는 3284부터 50씩 6번 거꾸로 뛰어 센 수입니다.
3284부터 50씩 6번 거꾸로 뛰어 세면
3284−3234−3184−3134−3084−
3034−2984이므로 ▲는 2984입니다.
따라서 2984부터 1000씩 4번 뛰어 세어 봅니다.
➡ 2984−3984−4984−5984−6984

참고 50씩 2번 뛰어 센 것은 100씩 1번 뛰어 센 것과 같습니다.

12 규칙을 찾아 해결하기

• 모양의 종류: ■, ▲, □, △ 네 가지 모양이 각각 시계 반대 방향으로 이동하는 규칙입니다.
• 모양의 수: 각 칸에 오는 모양의 수는 오른쪽과 같이 1개,
2개, 3개, 4개로 일정한 규칙입니다.

13 거꾸로 풀어 해결하기

(판 고등어 수)=$7 \times 4 = 28$(마리)
(판 갈치의 수)=$8 \times 2 = 16$(마리)
(남은 고등어와 갈치의 수)
$=5+7=12$(마리)
➡ (처음 생선 가게에 있던 고등어와 갈치 수의 합)
　=(판 고등어 수)+(판 갈치 수)
　　+(남은 고등어와 갈치 수)
　=$28+16+12=56$(마리)

14 조건을 따져 해결하기

리본의 실제 길이는 80 cm입니다. 어림한 길이와 실제 길이의 차를 각각 구합니다.
• 누리: $85-80=5$ (cm)
• 소은: $80-78=2$ (cm)
• 정석: $83-80=3$ (cm)
➡ $2<3<5$이므로 어림한 길이와 실제 길이의 차가 가장 작은 소은이가 실제 길이에 가장 가깝게 어림하였습니다.

15 규칙을 찾아 해결하기

맨 윗줄과 맨 왼쪽 줄에는 모든 칸에 1을 씁니다.

1	1
1	2
➡ $1+1=2$

1	1
2	3
➡ $1+2=3$

1	1
3	4
➡ $1+3=4$

1	1
4	5
➡ $1+4=5$

2	3
3	6
➡ $3+3=6$

	㉠
㉡	㉢
➡ ㉠과 ㉡의 합을 ㉢에 쓰는 규칙이 있습니다.

따라서 색칠한 칸에 알맞은 수는
$35+35=70$입니다.

1	1	1	1	1
1	2	3	4	5
1	3	6	10	15
1	4	10	20	35
1	5	15	35	70

16 식을 만들어 해결하기

라라 마을의 학생 수는 29명이므로 풀잎 마을의 학생 수는 $29+28=57$(명)입니다.

은하수 마을의 학생 수는 36명이므로 벽화 마을의 학생 수는 $36+7=43$(명)입니다.
따라서 네 마을의 학생은 모두
$36+29+57+43=165$(명)입니다.

17 예상과 확인으로 해결하기

• (두 자리 수)+(두 자리 수)=(세 자리 수)에서 합 ▲▲6의 백의 자리 수 ▲는 십의 자리 계산에서 받아올림한 수이므로 1입니다. ➡ ▲=1
• 일의 자리 수끼리의 합을 ★+★=6으로 예상하면 $3+3=6$이므로 ★=3이고,
★+★=16으로 예상하면 $8+8=16$이므로 ★=8입니다.
★=3이면 받아올림이 없으므로 십의 자리 수끼리의 합이 11이 될 수 없습니다.
▲=1, ★=8이면 ●8+●8=116이고
$58+58=116$이므로 ●=5입니다.
따라서 ▲=1, ★=8, ●=5입니다.

18 거꾸로 풀어 해결하기

어제 오후 7시부터 오늘 오전 4시까지는 9시간입니다.
한 시간에 □분씩 빨라진다고 하면 9시간 후이 시계는 (□×9)분 빨라집니다.
오전 4시에 이 시계가 가리키는 시각이 4시 27분이므로 이 시계는 9시간 동안 27분 빨라졌습니다. □×9=27이고 $3 \times 9 = 27$이므로 □=3(분)입니다.
따라서 이 시계는 한 시간에 3분씩 빨라집니다.

19 조건을 따져 해결하기

• $672>6$□8에서 백의 자리 수는 6으로 같으므로 십의 자리 수를 비교하여 $7>$□가 되어야 합니다.
만약 □에 7이 들어갈 경우에는
$672<678$이므로 □에 7은 들어갈 수 없습니다. ➡ □=1, 2, 3, 4, 5, 6
• □$39>534$에서 백의 자리 수를 비교하여 □>5가 되어야 합니다.
만약 □에 5가 들어갈 경우에는
$539>534$이므로 □에 5도 들어갈 수 있습니다. ➡ □=5, 6, 7, 8, 9
따라서 □ 안에 공통으로 들어갈 수 있는 수는 5, 6입니다.

[주의] $\square 39 > 534$에서 $\square$ 안에 5가 들어가는 경우도 반드시 따져 봅니다.

[참고] 두 수를 백, 십, 일의 자리 수끼리 순서대로 비교해 봅니다.

20 식을 만들어 해결하기

한 상자에 9개씩 7상자는 $9 \times 7 = 63$(개)이므로 전체 사과 수는 $63 + 5 = 68$(개)입니다.
5개씩 5바구니에 담은 사과는 $5 \times 5 = 25$(개)이고, 4개씩 6봉지에 담은 사과는
$4 \times 6 = 24$(개)이므로 바구니와 봉지에 담은 사과는 모두 $25 + 24 = 49$(개)입니다.
➡ (남은 사과 수) = (전체 사과 수)
　　　　　　 − (바구니와 봉지에 담은 사과 수)
　　　　　　 = $68 - 49 = 19$(개)

21~30	108~111쪽

21 효진	**22** 서점, 1 m 14 cm	
23 36개	**24** 토요일	**25** 8시 25분
26 4가지	**27** 1 m 9 cm	
28 8시 18분		**29** 8
30 새싹 문구점		

---

21 식을 만들어 해결하기

5점짜리 과녁을 맞혀서 얻은 점수는
$5 \times 2 = 10$(점), 3점짜리 과녁을 맞혀서 얻은 점수는 $3 \times 3 = 9$(점),
1점짜리 과녁을 맞혀서 얻은 점수는
$1 \times 5 = 5$(점), 0점짜리 과녁을 맞혀서 얻은 점수는 $0 \times 2 = 0$(점)이므로
수현이가 얻은 점수는 모두
$10 + 9 + 5 + 0 = 24$(점)입니다.
두 사람의 점수를 비교해 보면 $25 > 24$이므로 점수가 더 높은 사람은 효진입니다.

22 식을 만들어 해결하기

(집에서 서점을 지나서 학교까지 가는 거리)
= 40 m 27 cm + 36 m 29 cm
= 76 m 56 cm

(집에서 은행을 지나서 학교까지 가는 거리)
= 34 m 58 cm + 43 m 12 cm
= 77 m 70 cm
76 m 56 cm < 77 m 70 cm이므로 서점을 지나서 가는 거리가
77 m 70 cm − 76 m 56 cm
= 1 m 14 cm 더 가깝습니다.

23 규칙을 찾아 해결하기

1층: 1개, 2층: $1 + 2 = 3$(개),
3층: $1 + 2 + 3 = 6$(개), ……
➡ 한 층씩 늘어날 때마다 종이컵의 수가
　 2개, 3개, 4개 …… 늘어나는 규칙입니다.
4층: $1 + 2 + 3 + 4 = 10$(개),
5층: $1 + 2 + 3 + 4 + 5 = 15$(개), ……이므로
8층으로 쌓으려면 종이컵은 모두
$1 + 2 + 3 + 4 + 5 + 6 + 7 + 8 = 36$(개) 필요합니다.

24 조건을 따져 해결하기

일주일은 7일이므로 같은 요일이 7일마다 반복됩니다.
오늘이 화요일이고 $7 \times 3 = 21$이므로 오늘부터 21일(3주일) 후도 화요일입니다.
따라서 오늘부터 22일 후는 수요일, 23일 후는 목요일, 24일 후는 금요일, 25일 후는 토요일입니다.

25 거꾸로 풀어 해결하기

2교시 수업이 끝난 시각은 10시 45분이 되기 10분 전인 10시 35분입니다.
2교시 수업을 시작한 시각은 10시 35분이 되기 45분 전인 9시 50분입니다.
1교시 수업이 끝난 시각은 9시 50분이 되기 10분 전인 9시 40분입니다.
1교시 수업을 시작한 시각은 9시 40분이 되기 45분 전인 8시 55분입니다.
따라서 지윤이가 학교에 도착한 시각은
1교시 수업이 시작하기 30분 전이므로
8시 55분이 되기 30분 전인 8시 25분입니다.

[주의] 3교시 수업이 시작하기 전까지 수업 시간은 2번, 쉬는 시간도 2번 있습니다.

26 예상과 확인으로 해결하기

5000은 1000이 5개인 수이므로 1000의
수의 합이 5일 경우를 각각 예상하여 알아봅
니다.
· 1+4=5인 경우: (와플, 케이크),
(마카롱, 케이크) ➡ 2가지
· 2+3=5인 경우: (아이스크림, 요거트),
(푸딩, 요거트) ➡ 2가지
따라서 5000원을 모두 사용하여 두 가지 간식
을 골라 사 먹을 수 있는 방법은 모두 4가지
입니다.

27 조건을 따져 해결하기

유주의 키는 1 m 27 cm이고 아버지의 키는
유주의 키보다 55 cm 더 크므로
아버지의 키는 1 m 27 cm+55 cm
=1 m 82 cm입니다.
동생의 키는 아버지의 키보다 73 cm 더 작
으므로
동생의 키는 1 m 82 cm−73 cm
=1 m 9 cm입니다.

28 조건을 따져 해결하기

긴바늘이 3을 가리키면 15분이고, 15분에서
작은 눈금으로 3칸 더 간 곳을 가리키면
18분입니다.
짧은바늘은 7에 가장 가깝게 있으므로 시계
가 가리키는 시각은 7시 18분입니다.
긴바늘이 한 바퀴 돌면 한 시간이 지나므로
이 벽시계가 가리키는 시각은 7시 18분에서
1시간 지난 시각인 8시 18분이 됩니다.

참고 시계의 짧은바늘은 7시부터 7시 30분
이 되기 전까지는 7에 더 가깝고, 7시 30분
이 지나서부터 8시까지는 8에 더 가깝습니다.

29 식을 만들어 해결하기

빨간색 삼각형에서 꼭짓점에 있는 세 수의 합
은 38+16+29=83입니다.
파란색 삼각형에서 꼭짓점에 있는 세 수의 합
은 47+28+★=83이므로
75+★=83, 83−75=★,
★=8입니다.

30 조건을 따져 해결하기

풀 31개가 필요할 때 각 문구점에서 사야 하
는 묶음 수와 남는 풀의 수를 알아봅니다.
· 새싹 문구점: 4×8=32(개)이므로 풀을
8묶음 사면 32−31=1(개) 남습니다.
· 푸른 문구점: 6×6=36(개)이므로 풀을
6묶음 사면 36−31=5(개) 남습니다.
· 무지개 문구점: 7×5=35(개)이므로 풀을
5묶음 사면 35−31=4(개) 남습니다.
따라서 나누어 주고 남는 풀이 가장 적으려면
풀을 새싹 문구점에서 사야 합니다.

31~40		112~115쪽
31 7 cm	**32** 5C	**33** 6
34 3개	**35** ㉡	**36** 5개
37 1	**38** 12일	
39 2 m 8 cm		**40** 5장

31 그림을 그려 해결하기

가장 가까운 길은 아래쪽으로 3칸, 오른쪽으로
4칸을 따라 가는 길이므로 모두 7칸입니다.
작은 사각형의 한 변의 길이가 1 cm이고
7칸을 따라 가므로 가장 가까운 길의 길이는
7 cm입니다.

주의 올라갔다가 내려가거나 왼쪽으로 갔다
가 오른쪽으로 가는 길은 돌아가게 되므로 가
장 가까운 길이 아닙니다.

예 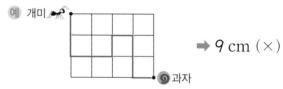 ➡ 9 cm (×)

32 규칙을 찾아 해결하기

좌석 번호는 앞에서부터 뒤로 가면서 수가
1씩 커지고 옆으로 나란히 A, B, C, D가 차
례로 놓이는 규칙이 있습니다.

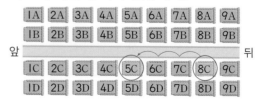

따라서 지혜의 좌석 번호인 8C보다 세 줄 앞에 앉은 사람의 좌석 번호는 5C입니다.

33 조건을 따져 해결하기

- 7의 ■배는 56 ➡ 7×■=56이고
  7×8=56이므로 ■=8입니다.
- ■=8이므로 8의 3배는 8×3=24입니다.
  ➡ ▲=24
- ▲=24이므로 4의 ●배는 24
  ➡ 4×●=24이고 4×6=24이므로
  ●=6입니다.

34 표를 만들어 해결하기

일의 자리 숫자가 2인 세 자리 수를 모두 만들어 봅니다.

백의 자리 숫자	3	3	5	5	8	8
십의 자리 숫자	5	8	3	8	3	5
일의 자리 숫자	2	2	2	2	2	2
세 자리 수	352	382	532	582	832	852

이 중 550보다 큰 수는 582, 832, 852로 모두 3개입니다.

35 그림을 그려 해결하기

나 모양을 앞에서 본 모양은 다음과 같습니다.

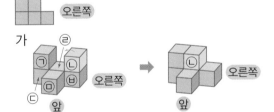

따라서 앞에서 본 모양이 같아지려면 가 모양에서 쌓기나무 ㉡을 ㉣의 위 또는 ㉤의 위로 옮겨야 합니다.

36 조건을 따져 해결하기

정우가 가지고 있는 구슬은 5개이므로 윤하가 가지고 있는 구슬은 9−5=4(개)입니다.
(나 모둠이 가지고 있는 구슬 수의 합)
=4+3+6+1+5=19(개)
(가 모둠이 가지고 있는 구슬 수의 합)
=19+2=21(개)

➡ (솔아가 가지고 있는 구슬 수)
=21−5−2−3−6=5(개)

37 예상과 확인으로 해결하기

곱이 12가 되는 두 수를 모두 찾아봅니다.
➡ 1×12=12, 2×6=12, 3×4=12
찾은 두 수의 합을 구해 보면 1+12=13,
2+6=8, 3+4=7이므로 두 수는 3과 4
입니다.
따라서 두 수의 차는 4−3=1입니다.

(참고) 1과 어떤 수의 곱은 항상 어떤 수입니다.
➡ 1×■=■

38 규칙을 찾아 해결하기

5월은 31일까지 있고 6월 1일은 목요일이므로 5월 31일은 수요일입니다.
같은 요일은 7일마다 반복되므로
31일, 24일, 17일, 10일, 3일은 같은 요일
  −7   −7   −7   −7
입니다. 즉 5월 3일은 5월의 첫째 수요일입니다.
따라서 5월의 첫째 금요일은 5월 3일에서 2일 후인 5일이고, 5월의 둘째 금요일은 5월 5일에서 7일 후인 12일입니다.

39 그림을 그려 해결하기

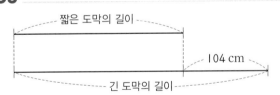

(긴 도막의 길이)
=(짧은 도막의 길이)+104 cm
(짧은 도막의 길이)+(긴 도막의 길이)
=5 m 20 cm
(짧은 도막의 길이)
+(짧은 도막의 길이)+104 cm
=5 m 20 cm
(짧은 도막의 길이)+(짧은 도막의 길이)
=5 m 20 cm−104 cm
=5 m 20 cm−1 m 4 cm
=4 m 16 cm이고
2 m 8 cm+2 m 8 cm=4 m 16 cm이므로 짧은 도막의 길이는 2 m 8 cm입니다.

네 수 2, 2, 4, 3이 반복되는 규칙이므로
19장을 늘어놓으면 2, 2, 4, 3 / 2, 2, 4,
3 / 2, 2, 4, 3 / 2, 2, 4, 3 / 2, 2, 4가
됩니다.

수 카드의 수	2	4	3
수(장)	10	5	4

4가 적힌 수 카드는 5장, 2가 적힌 수 카드
는 10장이므로 4가 적힌 수 카드는 2가 적힌
수 카드보다 10−5=5(장) 더 적습니다.

41~50　116~119쪽

41 2 m 26 cm　　**42**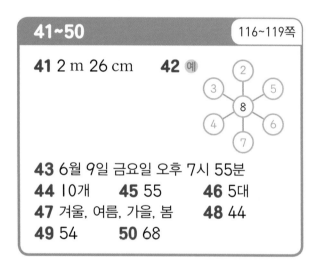

43 6월 9일 금요일 오후 7시 55분
44 10개　　**45** 55　　　**46** 5대
47 겨울, 여름, 가을, 봄　　**48** 44
49 54　　　**50** 68

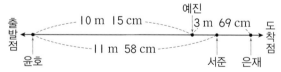

(은재와 서준이 사이의 거리)
=10 m 15 cm+3 m 69 cm
　−11 m 58 cm
=13 m 84 cm−11 m 58 cm
=2 m 26 cm

가운데 수가 8이므로 같은 줄에 있는
양쪽 원 안의 수의 합은 17−8=9입니다.
➡ 2+7=9, 3+6=9, 4+5=9
• ㉠에 2를 넣으면 ㉡은 7이 됩니다.
• ㉢에 3을 넣으면 ㉣은 6이 됩니다.
• ㉤에 4를 넣으면 ㉥은 5가 됩니다.

다음과 같이 2와 7, 3과 6, 4와 5가 8을 기
준으로 마주 보고 있으면 모두 정답입니다.

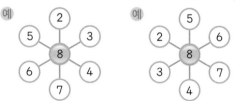

짧은바늘이 한 바퀴 도는 데 걸리는 시간은
12시간이므로 짧은바늘이 두 바퀴 도는 데
걸리는 시간은 하루(=24시간)입니다. 즉 짧
은 바늘이 4바퀴 도는 데 걸리는 시간은 2일
입니다.
긴바늘이 한 바퀴 도는 데 걸리는 시간은 한
시간이므로 긴바늘이 3바퀴 반 도는 데 걸리
는 시간은 3시간 30분입니다.
따라서 지금부터 2일 3시간 30분 후의 시각은
6월 7일 수요일 오후 4시 25분 ―2일 후―→
6월 9일 금요일 오후 4시 25분 ―3시간 후―→
6월 9일 금요일 오후 7시 25분 ―30분 후―→
6월 9일 금요일 오후 7시 55분이 됩니다.

전체 주먹밥 수는 한 통에 8개씩 4통이므로
8×4=32(개)입니다.
지은이가 먹은 주먹밥 수를 □개라 하면 남은
주먹밥 수는 (□+12)개입니다.
□+□+12=32이므로 □+□=20,
□=10(개)입니다.
따라서 지은이가 먹은 주먹밥은 10개입니다.

• 한 원 안에 있는 네 수의 합이 100이므로
㉮에 알맞은 수를 먼저 구합니다.
$40+20+25+㉮=100$,
$85+㉮=100$, $㉮=100-85=15$

• ㉮=15를 이용하여 ㉯에 알맞은 수를 구합
니다.
$25+15+50+㉯=100$,
$90+㉯=100$, $㉯=100-90=10$

• ㉮=15, ㉯=10을 이용하여 ㉰에 알맞은
수를 구합니다.
$20+15+10+㉰=100$,
$45+㉰=100$, $㉰=100-45=55$

[예상1] 두발자전거가 7대이면 세발자전거는
6대이므로 바퀴 수는
두발자전거: $2\times7=14$(개)
세발자전거: $3\times6=18$(개)
➡ $14+18=32$(개)입니다. (×)
[예상2] 두발자전거가 8대이면 세발자전거는
5대이므로 바퀴 수는
두발자전거: $2\times8=16$(개)
세발자전거: $3\times5=15$(개)
➡ $16+15=31$(개)입니다. (×)
[예상3] 두발자전거가 9대이면 세발자전거는
4대이므로 바퀴 수는
두발자전거: $2\times9=18$(개)

세발자전거: $3\times4=12$(개)
➡ $18+12=30$(개)입니다. (○)
따라서 두발자전거는 9대, 세발자전거는 4대
이므로 두발자전거는 세발자전거보다
$9-4=5$(대) 더 많습니다.

(여름에 태어난 남학생 수)
=(가을에 태어난 남학생 수)=3명
(가을에 태어난 여학생 수)
=$25-2-2-3-4-3-5-3=3$(명)
지용이네 반 학생들이 태어난 계절별 학생 수
를 표로 나타내어 봅니다.

태어난 계절별 학생 수

계절	봄	여름	가을	겨울	합계
남학생 수 (명)	2	3	3	5	13
여학생 수 (명)	2	4	3	3	12
전체 학생 수 (명)	4	7	6	8	25

태어난 계절별 학생 수를 비교해 보면
$8>7>6>4$이므로 가장 많은 학생이 태어
난 계절부터 차례로 쓰면 겨울, 여름, 가을,
봄입니다.

두 자리 수 ★★은 십의 자리 숫자와 일의 자
리 숫자가 같으므로 44, 55, 66, 77, 88,
99가 될 수 있습니다.
㉠과 ㉡이 각각 한 자리 수 중 가장 큰 수인
9라고 하면 $34+9+9=52$입니다.
➡ ★★은 52보다 작은 수이므로 55, 66,
77, 88, 99는 답이 될 수 없습니다.
따라서 ★★은 44입니다.

주의 ★★은 34보다 커야 하므로 ★★은
11, 22, 33이 될 수 없습니다.

곱이 35인 경우는 $5 \times 7 = 35$ 또는
$7 \times 5 = 35$입니다.

• 5×7일 때: $6 \times 6 = 36$이므로 주어진 곱
셈표의 일부분과 그 수가 다릅니다. ($\times$)

×	5	6	7	8
4				
5			35	
6		36		
7				㉠

• 7×5일 때: $8 \times 4 = 32$이므로 주어진 곱
셈표의 일부분과 그 수가 같습니다. ($\bigcirc$)

×	3	4	5	6
6				
7			35	
8		32		
9				㉠

따라서 ㉠$=9 \times 6 = 54$입니다.

• ★$=50$이므로 ▲$+$▲$=$★의 식에
★$=50$을 넣으면 ▲$+$▲$=50$입니다.
$25+25=50$이므로 ▲$=25$입니다.
• ♥$+8=$▲$+$★의 식에 ▲$=25$,
★$=50$을 넣으면 ♥$+8=25+50$,
♥$+8=75$입니다. ➡ ♥$=75-8=67$
• ■$-$▲$=$♥$-$★$+$▲$+1$의 식에
▲$=25$, ★$=50$, ♥$=67$을 넣으면
■$-25=67-50+25+1$,
■$-25=43$
➡ ■$=43+25=68$입니다.

경시 대비 평가

1 (남학생 수)=68+17=85(명)이고,
(여학생 수)+19=(남학생 수)이므로
(여학생 수)+19=85,
(여학생 수)=85-19=66(명)입니다.
따라서 2학년 전체 학생 수는
(남학생 수)+(여학생 수)
=85+66=151(명)
입니다.

2 (하루 동안 판 연필 수)=6×4=24(자루)
(팔기 전 문구점에 있던 연필 수)
=24+30=54(자루)
연필이 6자루씩 □상자 있었다고 하면
6×□=54이고 6×9=54이므로
□=9(상자)입니다.

3 한 시간을 6칸으로 나누어 한 칸이 10분을
나타내는 시간 띠를 그려 알아봅니다.

```
2           3           4          5(시)
┌─────────────────────────────────┐
│    책 읽기    │ 숙제 │▨│
└─────────────────────────────────┘
10 20 30 40 50  10 20 30 40 50  10 20 30 40 50 (분)
                                    ↑
                              집에 도착한 시각
```

1시간 20분=60분+20분=80분이므로
책을 읽은 시간 8칸, 숙제를 한 시간 4칸을
이어서 색칠합니다.
➡ 도서관에서 나온 시각: 4시 20분
4시 20분부터 4시 40분까지는 시간 띠로
2칸이므로 도서관에서 집까지 오는 데 걸린
시간은 20분입니다.

4 표를 만들어 100원짜리, 50원짜리, 10원짜
리 동전의 금액의 합이 180원이 되는 경우를
찾아봅니다.

100원짜리 동전의 수 (개)	0	0	0	0	1	1
50원짜리 동전의 수 (개)	0	1	2	3	0	1
10원짜리 동전의 수 (개)	18	13	8	3	8	3

➡ 180원을 내는 방법은 모두 6가지입니다.

[주의] 동전이 여러 개씩 있으므로 10원짜리
동전으로 50원 또는 100원을 만드는 방법,
50원짜리 동전으로 100원을 만드는 방법도
생각해야 합니다.

5 (한 시간 동안 만든 송편 수)
=7×2=14(개)
(한 시간 동안 만든 인절미 수)
=(만든 송편 수)-5=14-5=9(개)
만든 인절미 수의 4배는 9×4=36(개)이므로
(한 시간 동안 만든 꿀떡 수)
=36+1=37(개)입니다.
따라서 한 시간 동안 만든 송편, 인절미, 꿀떡
은 모두 14+9+37=60(개)입니다.

6 [예상1] 수 카드 1과 5를 뽑으면
(뽑은 수 카드의 두 수의 곱)=1×5=5
(남은 수 카드의 세 수의 합)=0+9+4=13
➡ 뽑은 수 카드의 두 수의 곱은 남은 수 카드
의 세 수의 합과 같지 않습니다. (×)
[예상2] 수 카드 1과 9를 뽑으면
(뽑은 수 카드의 두 수의 곱)=1×9=9
(남은 수 카드의 세 수의 합)=0+5+4=9
➡ 뽑은 수 카드의 두 수의 곱은 남은 수 카드
의 세 수의 합과 같습니다. (○)
따라서 뽑은 수 카드의 두 수는 1, 9입니다.

[참고] 남은 수 카드의 세 수의 합은 0보다 크
므로 두 수의 곱이 0인 경우는 생각하지 않습
니다.

7 지우개의 길이는 6 cm이고, 옷핀의 길이는 1 cm가 5번이므로 5 cm입니다.

해영이가 가지고 있는 끈의 길이는 6 cm로 4번이므로

$6+6+6+6=6 \times 4=24$ (cm)이고,

성호가 가지고 있는 끈의 길이는 5 cm로 5번이므로

$5+5+5+5+5=5 \times 5=25$ (cm)입니다.

따라서 24<25이므로 성호가 가지고 있는 끈의 길이가 $25-24=1$ (cm) 더 깁니다.

주의 옷핀의 길이는 자의 눈금 3부터 8까지이므로 8 cm가 아닌 5 cm임에 주의합니다.

8 가장 위층은 1개이고, 한 층씩 내려가면서 각 층의 쌓기나무의 수가 (1+2)개, (1+2+3)개가 되는 규칙입니다.

쌓기나무를 4층으로 쌓을 때 각 층의 쌓기나무의 수를 표로 나타내 봅니다.

층	4층	3층	2층	1층
쌓기나무 수(개)	1	1+2 =3	1+2+3 =6	1+2+3+4 =10

따라서 4층으로 쌓으려면 쌓기나무는 모두 $1+3+6+10=20$(개) 필요합니다.

9 (안경을 쓴 학생 수의 합)
$=136-64=72$(명)
(2반의 안경을 쓴 학생 수)
$=72-14-13-14-15=16$(명)
1반은 3반보다 학생이 1명 더 많고, 3반 학생 수는 $13+14=27$(명)이므로 1반 학생 수는 $27+1=28$(명)입니다.
(1반의 안경을 쓰지 않은 학생 수)
$=28-14=14$(명)
4반과 5반의 안경을 쓰지 않은 학생 수를 각각 □명이라 하면
$14+12+14+□+□=64$이고
$□+□=24$이므로 $□=12$(명)입니다.
따라서 안경을 쓴 학생이 안경을 쓰지 않은 학생보다 더 많은 반은 2반, 4반, 5반입니다.

10 삼각형 한 개를 만드는 데 필요한 면봉은 3개이고, 사각형 한 개를 만드는 데 필요한 면봉은 4개입니다.

만든 삼각형과 사각형 수의 합이 8개인 경우를 예상하고 면봉 수의 합이 27개가 되는지 확인해 봅니다.

삼각형 수(개)	0	1	2	3	4	5
사각형 수(개)	8	7	6	5	4	3
면봉 수(개)	32	3+28 =31	6+24 =30	9+20 =29	12+16 =28	15+12 =27

➡ 삼각형을 5개, 사각형을 3개 만들 때 면봉이 27개 필요합니다.
따라서 만든 삼각형은 5개입니다.

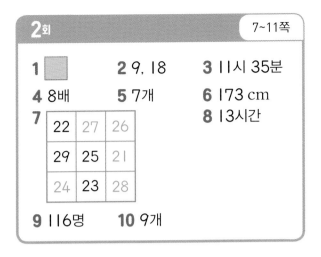

1 ▨

2 9, 18

3 11시 35분

4 8배

5 7개

6 173 cm

7

22	27	26
29	25	21
24	23	28

8 13시간

9 116명

10 9개

---

1 모양은 원과 사각형 모양이 반복되는 규칙이므로 빈칸에 사각형 모양을 그리고, 색깔은 빨간색, 초록색, 노란색이 반복되는 규칙이므로 초록색으로 칠합니다.

2 합이 27인 두 수를 예상하고 차가 9인지 확인해 봅니다.

두 수	20	19	18
	7	8	9
차	13	11	9

따라서 합이 27이고, 차가 9인 두 수는 9와 18입니다.

3 긴바늘을 5바퀴 돌린 후의 시각은 4시 35분입니다.
시계의 긴바늘이 시계 방향으로 한 바퀴 돌면 1시간이 지난 것이므로 긴바늘을 시계 방향으로 5바퀴 돌리면 5시간이 지난 것입니다.
4시 35분이 되기 5시간 전의 시각은 11시 35분입니다.
따라서 시계가 멈춘 시각은 11시 35분입니다.

4 칠교판을 가장 작은 삼각형으로 나누어 나타내면 오른쪽과 같습니다.
칠교판에서 빨간색 삼각형 조각은 가장 작은 삼각형 2개의 크기와 같고, 칠교판의 전체는 가장 작은 삼각형 16개의 크기와 같습니다.

따라서 2×8＝16이므로 칠교판의 전체 크기는 빨간색 삼각형 조각 크기의 8배입니다.

5 2단 곱셈구구의 곱이 되는 수는 2, 4, 6, 8, 10, 12, 14, 16, 18입니다.
3단 곱셈구구의 곱이 되는 수는 3, 6, 9, 12, 15, 18입니다.
4단 곱셈구구의 곱이 되는 수는 4, 8, 12, 16, 20입니다.
따라서 열지 않은 사물함의 번호는 1, 5, 7, 11, 13, 17, 19로 모두 7개입니다.

6 157 cm＝1 m 57 cm
삼각형의 세 변의 길이의 합에서 다른 두 변의 길이를 빼면 ▨ m ▲ cm를 구할 수 있습니다.
▨ m ▲ cm
＝5 m－1 m 70 cm－1 m 57 cm
＝3 m 30 cm－1 m 57 cm
＝1 m 73 cm
세 변의 길이를 비교하면
1 m 57 cm＜1 m 70 cm＜1 m 73 cm
이므로 가장 긴 변의 길이는
1 m 73 cm＝173 cm입니다.

7

22	㉢	㉤
29	25	㉠
㉡	23	㉣

- 29＋25＋㉠＝75, 54＋㉠＝75, ㉠＝21
- 22＋29＋㉡＝75, 51＋㉡＝75, ㉡＝24
- 22＋25＋㉢＝75, 47＋㉢＝75, ㉢＝28
- ㉣＋25＋23＝75, ㉣＋48＝75, ㉣＝27
- 22＋27＋㉤＝75, 49＋㉤＝75, ㉤＝26

8 • 밤 12시를 기준으로 정전이 되는 시간을 알아봅니다.
오후 4시 30분 —7시간 30분 후→ 밤 12시
—11시간 후→ 오전 11시
➡ 정전이 되는 시간은 18시간 30분입니다.

- 낮 12시를 기준으로 단수가 되는 시간을 알아봅니다.

  오전 9시 $\xrightarrow{\text{3시간 후}}$ 낮 12시

  $\xrightarrow{\text{2시간 30분 후}}$ 오후 2시 30분

  ➡ 단수가 되는 시간은 5시간 30분입니다.

  따라서 두 시간을 비교하면 정전이 되는 시간은 단수가 되는 시간보다 13시간 더 깁니다.

9 그래프를 보면 2반 남학생의 수가 12명이고 ○가 3개 있으므로 4×3=12에서 그래프의 세로 한 칸은 학생 수 4명을 나타내는 것을 알 수 있습니다.

성찬이네 학교 2학년 반별 학생 수

반	1반	2반	3반	합계
남학생 수(명)	16	12	20	48
여학생 수(명)	20	16	16	52

(성찬이네 학교 2학년 남학생 수)

=16+12+20=48(명)

(성찬이네 학교 2학년 여학생 수)

=20+16+16=52(명)

(지우네 학교 2학년 남학생 수)

=48+20=68(명)

(지우네 학교 2학년 여학생 수)

=52−4=48(명)

➡ (지우네 학교 2학년 학생 수)

=68+48=116(명)

10 네 자리 수 ㉠㉡㉢㉣에서 백의 자리 수는 ㉡이므로 ㉡은 5보다 작습니다.

㉡=㉣+2이므로 ㉣=0일 때 ㉡=2이고, ㉣=1일 때 ㉡=3이고, ㉣=2일 때 ㉡=4입니다.

- ㉡=2, ㉣=0일 때 네 자리 수는 ㉠2㉢0입니다.

  세 번째 조건에서 ㉠+㉢=8이므로 조건을 만족하는 네 자리 수는 1270, 3250, 5230, 7210으로 4개입니다.

- ㉡=3, ㉣=1일 때 네 자리 수는 ㉠3㉢1입니다.

  세 번째 조건에서 ㉠+㉢=6이므로 조건을 만족하는 네 자리 수는 2341, 4321, 6301로 3개입니다.

- ㉡=4, ㉣=2일 때 네 자리 수는 ㉠4㉢2입니다.

  세 번째 조건에서 ㉠+㉢=4이므로 조건을 만족하는 네 자리 수는 1432, 3412로 2개입니다.

따라서 조건을 만족하는 네 자리 수는 모두 4+3+2=9(개)입니다.

주의 ㉠, ㉡, ㉢, ㉣은 서로 다른 수이므로 ㉡=2, ㉣=0, ㉠+㉢=8일 때 ㉠=㉢=4일 수 없고, ㉡=3, ㉣=1, ㉠+㉢=6일 때 ㉠=㉢=3일 수 없고, ㉡=4, ㉣=2, ㉠+㉢=4일 때 ㉠=㉢=2일 수 없습니다.

1 39살　　**2** 1개, 2개　　**3** 4478

4 70장　　**5** 누, 더, 도

6 8 m 74 cm　　　　**7** 17일

8 23개　　**9** 삼각형: 6개, 오각형: 4개

10 풀이 참조

---

1 고모의 나이는 8살의 5배인 $8 \times 5 = 40$(살) 보다 많고, 6살의 7배인 $6 \times 7 = 42$(살)보다 적으므로 41살입니다.

고모와 아버지의 나이의 합이 80살이므로 아버지의 나이는 $80 - 41 = 39$(살)입니다.

2 • 단추를 구멍 수에 따라 분류합니다.

구멍 수	2개	4개
기호	㉠, ㉡, ㉣, ㉥, ㉦, ㉨	㉢, ㉤, ㉧, ㉩

• 구멍이 4개인 단추를 모양에 따라 분류합니다.

모양	사각형	원	삼각형
기호	㉤	㉢, ㉩	㉧

➡ 구멍이 4개인 사각형 모양 단추는 ㉤으로 1개입니다.

• 구멍이 2개인 단추를 모양과 색깔에 따라 분류합니다.

색깔＼모양	사각형	원	삼각형
빨간색	㉠	㉡	없음
파란색	㉥	㉦, ㉨	㉣

➡ 구멍이 2개인 파란색 원 모양 단추는 ㉦, ㉨으로 2개입니다.

3 순서도에서 도착점의 수에서 거꾸로 풀어 구합니다.

순서도의 모든 과정을 한 번씩만 거칠 때 시작점에 들어갈 수 있는 수가 가장 큽니다.

➡ 시작점의 어떤 수부터 100씩 2번 뛰어 센 후 1씩 5번 뛰어 센 수가 4683일 때 어떤 수는 가장 큽니다.

도착점의 수가 4683이므로 4683부터 1씩 5번 거꾸로 뛰어 세면

$4683 - 4682 - 4681 - 4680 - 4679 -$

4678이고, 4678부터 100씩 2번 거꾸로 뛰어 세면 $4678 - 4578 - 4478$입니다.

따라서 시작점에 들어갈 수 있는 수 중 가장 큰 수는 4478입니다.

4 예린이가 우표를 주었을 때 세 사람이 가진 우표 수를 그림으로 나타냅니다.

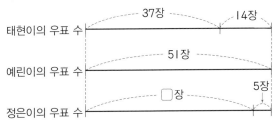

태현이의 우표 수는 $37 + 14 = 51$(장)이 되므로 예린이와 정은이의 우표 수도 각각 51장씩이 됩니다.

따라서 예린이가 처음에 가지고 있던 우표는 $51 + 14 + 5 = 70$(장)입니다.

5 글자를 4개씩 묶어서 규칙을 찾아봅니다.

가, 거, 고, 구 / 나, 너, 노, □ / 다, □, □, 두

자음은 한글 순서대로 ㄱ, ㄴ, ㄷ이 각각 4개씩 놓이고, 모음은 ㅏ, ㅓ, ㅗ, ㅜ가 반복되는 규칙입니다.

따라서 빈 곳에 알맞은 글자를 차례로 쓰면 누, 더, 도입니다.

6 색 테이프 7장을 겹치게 이어 붙이면 겹치는 부분은 $7 - 1 = 6$(군데) 생깁니다.

(색 테이프 7장의 길이의 합)

$= 1 \text{ m } 48 \text{ cm} + 1 \text{ m } 48 \text{ cm}$
$\quad + 1 \text{ m } 48 \text{ cm} + 1 \text{ m } 48 \text{ cm}$
$\quad + 1 \text{ m } 48 \text{ cm} + 1 \text{ m } 48 \text{ cm}$
$\quad + 1 \text{ m } 48 \text{ cm} = 10 \text{ m } 36 \text{ cm}$

(겹치는 부분의 길이의 합)

$= 27 \text{ cm} + 27 \text{ cm} + 27 \text{ cm} + 27 \text{ cm}$
$\quad + 27 \text{ cm} + 27 \text{ cm}$
$= 162 \text{ cm} = 1 \text{ m } 62 \text{ cm}$

➡ (이어 붙인 색 테이프의 전체 길이)
$\quad =$ (색 테이프 7장의 길이의 합)
$\qquad -$ (겹치는 부분의 길이의 합)
$\quad = 10 \text{ m } 36 \text{ cm} - 1 \text{ m } 62 \text{ cm}$
$\quad = 8 \text{ m } 74 \text{ cm}$

색 테이프의 전체 길이는 처음 길이인
1 m 48 cm에서 색 테이프를 1장씩 이어 붙일 때마다
1 m 48 cm−27 cm=1 m 21 cm만큼 늘어납니다.

➡ 1 m 48 cm+1 m 21 cm+1 m 21 cm
　　+1 m 21 cm+1 m 21 cm
　　+1 m 21 cm +1 m 21 cm
　　=8 m 74 cm

7 7월은 31일까지이고, 금요일, 토요일, 일요일이 5번씩 있으므로 마지막 일요일은 31일입니다.
8월 1일은 월요일이므로 1+7=8(일), 8+7=15(일), 15+7=22(일), 22+7=29(일)도 월요일입니다.
8월은 31일까지이고, 30일은 화요일, 31일은 수요일이므로 9월 1일은 목요일입니다.

➡ 9월 8일, 15일, 22일, 29일도 목요일입니다.
9월은 30일까지이고, 30일은 금요일이므로 10월 1일은 토요일입니다.
따라서 10월 2일은 일요일, 3일은 월요일이므로 둘째 월요일은 3+7=10(일), 셋째 월요일은 10+7=17(일)입니다.

다른 풀이

7월은 31일까지이고, 금요일, 토요일, 일요일이 5번씩 있으므로 마지막 일요일은 31일입니다.
8월은 31일, 9월은 30일까지 있으므로
7월 31일에서 31+30+1=62(일) 후는 10월 1일입니다.
7일마다 같은 요일이 반복되므로
7×9=63 ➡ 7월 31일에서 63일 후인 10월 2일은 7월 31일과 같은 일요일입니다.
따라서 10월 첫째 월요일은 3일,
둘째 월요일은 3+7=10(일),
셋째 월요일은 10+7=17(일)입니다.

8 복숭아의 수는 4단 곱셈구구의 곱보다 3개 더 많고, 7단 곱셈구구의 곱보다 2개 더 많습니다.

➡ 4단 곱셈구구의 곱보다 3 큰 수 중에서 7단 곱셈구구의 곱보다 2 큰 수를 찾아봅니다.
4단 곱셈구구의 곱 중에서 30보다 작은 수는 4, 8, 12, 16, 20, 24, 28이므로
3 큰 수는 4+3=7, 8+3=11, 12+3=15, 16+3=19, 20+3=23, 24+3=27, 28+3=31입니다.
└ 30보다 크므로 복숭아의 수가 될 수 없습니다.

이 중 7단 곱셈구구의 곱보다 2 큰 수는 23이므로 상자에 들어 있는 복숭아는 모두 23개입니다.

참고

• 4단 곱셈구구의 곱: 4, 8, 12, 16, 20, 24, 28, 32, 36
• 7단 곱셈구구의 곱: 7, 14, 21, 28, 35, 42, 49, 56, 63

9 육각형을 8개 그렸으므로 사각형은 8−5=3(개) 그렸고, 삼각형과 오각형의 수의 합은 21−8−3=10(개)입니다.
그린 육각형의 변의 수는 6×8=48(개)이고, 사각형의 변의 수는 4×3=12(개)이므로 삼각형과 오각형의 변의 수의 합은 98−48−12=38(개)입니다.
[예상1] 삼각형을 5개, 오각형을 5개 그렸다면 변의 수는 각각
3×5=15(개), 5×5=25(개)
➡ 변의 수의 합은 15+25=40(개)입니다. (×)
[예상2] 삼각형을 6개, 오각형을 4개 그렸다면 변의 수는 각각
3×6=18(개), 5×4=20(개)
➡ 변의 수의 합은 18+20=38(개)입니다. (○)
따라서 삼각형은 6개, 오각형은 4개 그렸습니다.

10 ① 써 있는 수만큼 빈 곳이 남아 있는 곳을 찾아 ○를 그려 넣습니다.

② 수를 둘러싼 곳에 이미 그 수만큼 ○가 있으면 나머지 빈 곳에는 ×를 그려 넣습니다.

③ ①과 ②를 반복하며 빈 곳을 알맞게 채웁니다.

Memo

문제 해결의 길잡이 심화

수학 2학년

www.mirae-n.com

학습하다가 이해되지 않는 부분이나 정오표 등의
궁금한 사항이 있나요?
미래엔 홈페이지에서 해결해 드립니다.

교재 내용 문의
나의 교재 문의 | 수학 과외쌤 | 자주하는 질문 | 기타 문의

교재 자료 및 정답
동영상 강의 | 쌍둥이 문제 | 정답과 해설 | 정오표

미래엔 N 맘
No.1 New Network
http://cafe.naver.com/mathmap

함께해요!
바른 공부법 캠페인

궁금해요!
교재 질문 & 학습 고민 타파

공부해요!
미래엔 에듀 초·중등 교재

참여해요!
선물이 마구 쏟아지는 이벤트

		초등학교
학년	반	이름

초등학교에서 탄탄하게 닦아 놓은
공부력이 중·고등 학습의 실력을 가릅니다.

하루한장 쏙셈

쏙셈 시작편
초등학교 입학 전 연산 시작하기
[2책] 수 세기, 셈하기

쏙셈
교과서에 따른 수·연산·도형·측정까지 계산력 향상하기
[12책] 1~6학년 학기별

쏙셈+플러스
문장제 문제부터 창의·사고력 문제까지 수학 역량 키우기
[12책] 1~6학년 학기별

쏙셈 분수·소수
3~6학년 분수·소수의 개념과 연산 원리를 집중 훈련하기
[분수 2책, 소수 2책] 3~6학년 학년군별

하루한장 한국사

큰별★쌤 최태성의 한국사
최태성 선생님의 재미있는 강의와 시각 자료로
역사의 흐름과 사건을 이해하기
[3책] 3~6학년 시대별

하루한장 한자

그림 연상 한자로 교과서 어휘를 익히고 급수 시험까지 대비하기
[4책] 1~2학년 학기별

하루한장 급수 한자

하루한장 한자 학습법으로 한자 급수 시험 완벽하게 대비하기
[3책] 8급, 7급, 6급

하루한장 ENGLISH BITE

ENGLISH BITE 알파벳 쓰기
알파벳을 보고 듣고 따라쓰며 읽기·쓰기 한 번에 끝내기
[1책]

ENGLISH BITE 파닉스
자음과 모음 결합 과정의 발음 규칙 학습으로
영어 단어 읽기 완성
[2책] 자음과 모음, 이중자음과 이중모음

ENGLISH BITE 사이트 워드
192개 사이트 워드 학습으로 리딩 자신감 키우기
[2책] 단계별

ENGLISH BITE 영문법
문법 개념 확인 영상과 함께 영문법 기초 실력 다지기
[Starter 2책 , Basic 2책] 3~6학년 단계별

ENGLISH BITE 영단어
초등 영어 교육과정의 학년별 필수 영단어를
다양한 활동으로 익히기
[4책] 3~6학년 단계별

초등 교과서 발행사 미래엔의
교재로 초등 시기에 길러야 하는
공부력을 강화해 주세요.

개념과 **연산 원리**를 집중하여
한 번에 잡는 **쏙셈 영역 학습서**

하루 한장 쏙셈
분수·소수 시리즈

하루 한장 쏙셈 분수·소수 시리즈는
학년별로 흩어져 있는 분수·소수의 개념을
연결하여 집중적으로 학습하고,
재미있게 연산 원리를 깨치게 합니다.

하루 한장 쏙셈 분수·소수 시리즈로
초등학교 분수, 소수의 탁월한 감각을 기르고,
중학교 수학에서도 자신있게 실력을 발휘해 보세요.

분수 1권
초등학교 3~4학년

> 분수의 뜻

> 단위분수, 진분수, 가분수, 대분수

> 분수의 크기 비교

> 분모가 같은 분수의 덧셈과 뺄셈

⋮

3학년 1학기_분수와 소수
3학년 2학기_분수
4학년 2학기_분수의 덧셈과 뺄셈

APP 다운로드

스마트 학습 서비스 맛보기
분수와 소수의 원리를
직접 조작하며 익혀요!

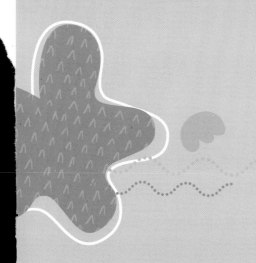

도전 3 경시 대비 평가

최고 수준 문제로 교내외 경시 대회 도전하기

1 수진이네 학교 2학년 남학생 중 숙제를 한 학생은 68명, 숙제를 하지 않은 학생은 17명입니다. 2학년 남학생은 여학생보다 19명 더 많습니다. 수진이네 학교 2학년 학생은 모두 몇 명입니까?

2 문구점에 연필이 6자루씩 몇 상자 있었습니다. 하루 동안 4상자를 팔았더니 문구점에 남은 연필이 30자루였습니다. 팔기 전 문구점에 있던 연필은 몇 상자였습니까?

경시 대비 평가

3   영진이는 2시 20분에 도서관에 도착하여 1시간 20분 동안 책을 읽고, 40분 동안 숙제를 한 후 집으로 돌아왔습니다. 영진이가 집에 도착한 시각이 4시 40분이라면 도서관에서 집까지 오는 데 걸린 시간은 몇 분입니까?

4   연주는 100원짜리 동전, 50원짜리 동전, 10원짜리 동전을 여러 개씩 가지고 있습니다. 연주가 180원짜리 색연필을 사려고 할 때 가지고 있는 동전으로 180원을 내는 방법은 모두 몇 가지입니까?

5

4 문제 해결의 길잡이 심화 2

어느 떡집에서 한 시간 동안 송편, 인절미, 꿀떡을 만들었습니다. 송편은 7개씩 2상자 만들었고, 인절미는 송편보다 5개 적게 만들었습니다. 또 꿀떡은 만든 인절미 수의 4배보다 1개 더 많이 만들었습니다. 한 시간 동안 만든 송편, 인절미, 꿀떡은 모두 몇 개입니까?

6

5장의 수 카드 중 2장을 뽑아 두 수를 곱하였더니 남은 수 카드의 세 수의 합과 같았습니다. 뽑은 수 카드의 두 수를 구하시오.

7 해영이와 성호가 길이가 다음과 같은 지우개와 옷핀으로 각자 끈의 길이를 재었습니다. 해영이가 가지고 있는 끈의 길이는 지우개로 4번, 성호가 가지고 있는 끈의 길이는 옷핀으로 5번일 때 둘 중 누가 가지고 있는 끈의 길이가 몇 cm 더 깁니까?

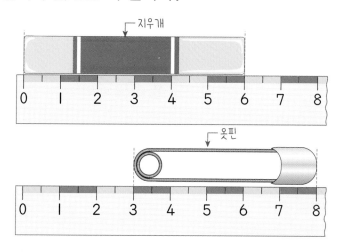

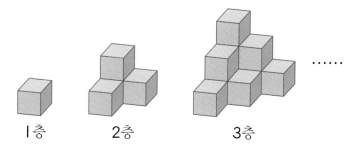

8 규칙에 따라 쌓기나무를 쌓은 것입니다. 쌓기나무를 4층으로 쌓으려면 쌓기나무는 몇 개 필요합니까?

9 준하네 학교 2학년 학생 136명의 반별 안경을 쓴 학생 수와 쓰지 않은 학생 수를 조사하였습니다. 안경을 쓴 학생이 안경을 쓰지 않은 학생보다 더 많은 반을 모두 찾아 쓰시오.

> • 1반은 3반보다 학생이 1명 더 많습니다.
> • 4반과 5반의 안경을 쓰지 않은 학생 수는 같습니다.

반별 안경을 쓴 학생 수와 쓰지 않은 학생 수

반	1	2	3	4	5	합계
안경을 쓴 학생 수(명)	14		13	14	15	
안경을 쓰지 않은 학생 수(명)		12	14			64

10 면봉 27개를 모두 사용하여 다음 삼각형과 사각형을 합하여 8개 만들었습니다. 만든 삼각형은 몇 개입니까?

10점 X [ ] 개 = [ ] 점

1 규칙을 찾아 빈칸에 알맞은 도형을 그려 넣으시오.

2 합이 27이고, 차가 9인 두 수를 구하시오.

3 민재가 가지고 있던 시계가 고장이 나서 멈췄습니다. 멈춘 시각에서 시계의 긴바늘을 시계 방향으로 5바퀴 돌렸더니 오른쪽과 같았습니다. 시계가 멈춘 시각은 몇 시 몇 분입니까?

4 칠교판의 전체 크기는 빨간색 삼각형 조각 크기의 몇 배입니까?

5 다음은 우리 반 사물함의 번호입니다. 영민이는 2단 곱셈구구의 곱이 되는 번호의 사물함 문을 모두 열고, 나영이는 3단 곱셈구구의 곱이 되는 번호의 사물함 문을 모두 열었습니다. 또 기정이는 4단 곱셈구구의 곱이 되는 번호의 사물함 문을 모두 열었습니다. 문을 열지 않은 사물함은 모두 몇 개입니까?

6 세 변의 길이가 각각 1 m 70 cm, 157 cm, ■ m ▲ cm인 삼각형이 있습니다. 이 삼각형의 세 변의 길이의 합이 5 m라면 가장 긴 변의 길이는 몇 cm입니까?

7 21부터 29까지의 수를 한 번씩만 써넣어 →, ↓, ↘, ↗ 방향으로 놓인 세 수의 합이 각각 75가 되도록 만들어 보시오.

22		
29	25	
	23	

8 다음은 경민이네 아파트 공용 게시판에 붙어 있는 전기 사용과 수돗물 사용에 대한 안내문입니다. *정전이 되는 시간은 *단수가 되는 시간보다 몇 시간 더 깁니까?

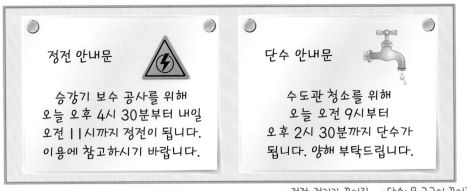

*정전: 전기가 끊어짐   *단수: 물 공급이 끊어짐

9 성찬이네 학교 2학년 반별 학생 수를 조사하여 나타낸 그래프입니다. 지우네 학교 2학년 학생 수는 성찬이네 학교 2학년 학생 수보다 남학생은 20명 더 많고, 여학생은 4명 더 적습니다. 지우네 학교 2학년 학생은 모두 몇 명입니까?

성찬이네 학교 2학년 반별 학생 수

학생 수 (명)\반	1		2		3	
		△			○	
	○	△		△	○	△
12	○	△	○	△	○	△
	○	△	○	△	○	△
	○	△	○	△	○	△

○: 남학생 △: 여학생

10 네 자리 수 ㉠㉡㉢㉣에서 ㉠, ㉡, ㉢, ㉣은 0부터 9까지의 수이고, 서로 다릅니다. 다음 조건에 알맞은 네 자리 수는 모두 몇 개입니까?

- 백의 자리 수는 5보다 작습니다.
- ㉡은 ㉣보다 2 큰 수입니다.
- ㉠+㉡+㉢+㉣=10

10점 X ⬜ 개 = ⬜ 점

문제풀이
동영상

1 선혜는 6살, 선우는 8살입니다. 고모의 나이는 선우 나이의 5배보다 많고, 선혜 나이의 7배보다 적습니다. 고모와 아버지의 나이의 합이 80살일 때 아버지의 나이는 몇 살입니까?

2 구멍이 4개인 사각형 모양 단추와 구멍이 2개인 파란색 원 모양 단추 는 각각 몇 개인지 차례로 쓰시오.

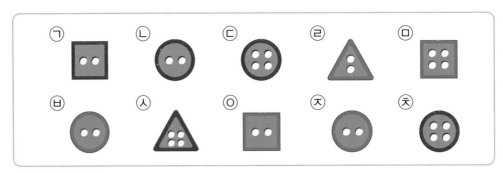

경시 대비 평가

3 다음은 어떤 네 자리 수의 뛰어 세기 과정을 나타낸 순서도입니다. 도착점의 수가 4683일 때 시작점에 들어갈 수 있는 수 중 가장 큰 수를 구하시오.

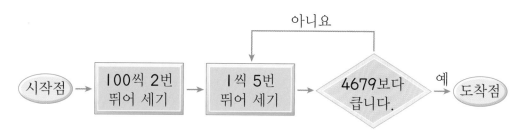

4 태현이는 우표를 37장 가지고 있었습니다. 예린이가 우표를 태현이에게 14장, 정은이에게 5장 주었더니 세 사람이 가진 우표의 수가 같아졌습니다. 예린이가 처음에 가지고 있던 우표는 몇 장입니까?

5 규칙을 찾아 빈 곳에 알맞은 글자를 각각 써넣으시오.

> 가, 거, 고, 구, 나, 너, 노, ___, 다, ___, ___, 두

6 길이가 1 m 48 cm인 색 테이프를 그림과 같이 27 cm씩 겹치게 이어 붙였습니다. 색 테이프 7장을 겹치게 이어 붙이면 이어 붙인 색 테이프의 전체 길이는 몇 m 몇 cm가 됩니까?

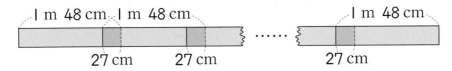

7 어느 해 7월에는 금요일, 토요일, 일요일이 각각 5번씩 있고, 나머지 요일은 4번씩 있습니다. 같은 해 10월의 셋째 월요일은 며칠입니까?

8 상자에 복숭아가 30개보다 적게 들어 있습니다. 이 복숭아를 4개씩 포장하면 3개가 남고, 7개씩 포장하면 2개가 남습니다. 상자에 들어 있는 복숭아는 모두 몇 개입니까?

9 세영이가 스케치북에 그린 도형 21개를 분류하여 그래프로 나타낸 것입니다. 세영이가 그린 도형의 변의 수의 합은 98개이고, 사각형은 육각형보다 5개 적게 그렸습니다. 그린 삼각형과 오각형은 각각 몇 개입니까?

세영이가 그린 도형별 개수

육각형	/	/	/	/	/	/	/	/
오각형								
사각형								
삼각형								
도형 \ 수(개)	1	2	3	4	5	6	7	8

10 육각형 안에 써 있는 수는 그 육각형과 맞닿은 육각형 안에 있는 ○의 개수를 나타냅니다. 보기와 같이 빈 곳에 ○ 또는 ✕를 그려 넣으시오.

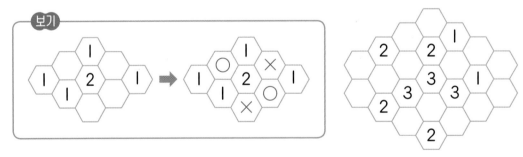

10점 X [ ]개= [ ]점